U0009950

廣告教父的自白

奧美創辦人大衛・奧格威談行銷與人生

CONFESSIONS OF AN ADVERTISING MAN

DAVID OGILVY

大衛・奧格威——著
温澤元——譯

目次

推薦序

重讀後，我整個人都變更好了

A真正的紳士

此刻，我正在聽英國樂團齊柏林飛船，來自跟這本書一樣的六〇年代，經典，並且依然有影響力。

我做廣告二十三年了，剛好是人生的一半。

媽呀，什麼東西，我要嚇死了。

幾乎跟我當初算出大學畢業生活到平均餘命八十二歲，只剩不到二十二K一樣震撼。（按：以平均年齡八十二歲來算，大學畢業二十二歲，離過世還有六十年，但有幾天呢？60×365＝21,900，再加上閏年有十五天，也才兩萬一千九百一十五天，比起薪二十二K還少。）

這本書我是在西元二〇〇〇年讀的，二十三年後讀，我又好多收穫。整個人都變更好了。

我在廣告公司裡的職業生涯，大約就是奧美廣告與智威湯遜廣告兩家，智威湯遜是世界第一家廣告公司。

但我是在奧美學會如何做廣告，然後在智威湯遜成為創意總監，盡情做實驗。

而我的衣櫃深處，應該還有條紅色的褲吊帶，那是大衛．奧格威的標誌，那是一種自我對紳士的期許。

我常提醒自己，與其講話留言酸，不如盡量寫出 witty 的文字。

這是我對奧格威先生的私淑。

天啊，我忽然想到一件事，我的婚紗照甚至裡頭有他。

我是因為奧美遇到妻子，妻也是奧美廣告的文案，這樣說來，奧格威先生對我的人生影響已經超越工作了。

我曾經被稱為是奧美寶寶，也曾被奧美廣告公司定義為未來之星，準備好好扶植。雖然，現在比較像是流星。

關於流星為什麼都消逝得那麼快，我有個簡單的答案。

飛很快，好讓人無法許願。

哈哈哈。

我試著開一個玩笑，那大概也是學習大衛・奧格威，他總是在高壓的廣告世界裡，說著幽默的話語，像個紳士一般。

廣告看似庸俗商業，但要是可以把它做好，發揮影響力，不欺騙人，那也是種高尚的行當，至少努力做到不浪費資源，至少做到相對環保一點。

還有，大衛．奧格威到老的時候，儘管在世界享有極高的聲譽，坐擁城堡和跨國企業集團，他談起自己也希望別人那樣看他，是個文案。

那是種單純，是種職人的傲氣，是種，看透一切榮華富貴，看輕一切世俗名氣的帥勁。

我也這樣期勉自己。

一如他曾經提出的第四點，「我們雇用有腦袋的紳士。」

我被他雇用過。

盡量別辱沒。

B不要把人當白痴

我直到現在，依舊不時分享大衛．奧格威說過的話，前天在華納音樂演講時，我分享的是他的第五點：「消費者不是白痴。消費者是你的妻子。不要侮辱她的智商。」

讓我再延伸說一下，如果你還在做那種把消費者看得有點笨的廣告，實在是很不環保，因為效果奇差，不只沒有影響力，還是對你自己的侮辱。

你說，可是，很多低俗可笑的廣告點閱率很高啊！對，但也只有點閱率高，當大家要選擇人生旅途上的同伴時，會找那樣的人嗎？你自己選擇夥伴，會找那樣的人嗎？

而你讓你正操作的品牌變成那樣的人，儘管點閱數高，那又如何？只是短多長空。

你說沒關係啦，有立即的效果。嗚嗚。

這種只想到抄短線的思考，騙得單次的數字，但無法持續，無法累積，甚至，只有損耗。

做有格調的廣告，因為這樣才能為你帶來實質影響力，創造真正的利潤。

C不要做出你不希望家人看見的廣告

我常常拿來問自己、甚至有點接近憲法等級的提問，其實，也來自於他提出的第八點：「不要推出你不希望家人看見的廣告。」是呀，你累得半死，然後回到家，女兒問你，「爸爸你今天做什麼？」

我想，任誰都不太會想一臉羞愧地說：「沒有，我沒做什麼。」

我們都想賺錢，但更要賺到比錢更大的東西。還有，錢會花掉，但作品會留下來。你不會希望自己在二十年後看到自己的作品，卻感到羞愧吧。然後，還要跟孩子的朋友解釋當時的不得已，那也太不得意了。

D 一定要研究，很用力的那種

「動手寫廣告文案之前，一定要先研究產品。」可能許多人會覺得這沒什麼，但我必須說，隨著當代快節奏的工作狀況，時間充滿了稀罕性，許多從業人員在工作時只是把別人告訴你的資訊重新整理，這也許無可奈何，但也局限了你的作品。

我建議要回到現場，無論是產品生產的現場或是實際使用的現場，你都必須要到場，才能從製作者身上得到故事，從使用者身上得到令人心動的故事。

否則，你只是買空賣空，跟關在房間裡打電話的詐騙集團沒兩樣。

你必須比別人更理解某件事，你才有資格跟人說明某件事。別人被你打動的程度，完全取決於你投入這議題的程度，想略過這件事，就是在作弊，你遲早會被揭發。自欺欺人，通常只有騙到自己。

E 我唯一違逆祖師爺的事，哈哈哈

「不要讓男性寫女性產品的廣告文案。」我唯一敢說我違反大衛．奧格威提醒的事，只有這項。我在奧美廣告做過衛生棉廣告，而且做得很成功。

我和我的夥伴都是男生，我的老闆也是男生，我的老闆的老闆也是男生。但我們把一個衛生棉品牌做得很好，因為我們發現女孩子在月經來時最尷尬的經驗不是外漏，是外漏時有異性在場。

我們把握了這個情境，做出了好幾個作品，讓產品的銷售翻了好幾倍。哈哈哈。

我自己回頭想，可能這是少數和大衛．奧格威時代不同的事。因為台灣當代的進步，讓我可以在一個性別逐漸友善的環境裡創作，我有機會跟更多女性朋友討論私密話題。或者，我本來也相對擁有陰性思維，而且，在當前的台灣社會裡不需要感到恐懼，所以才能寫出那些作品。哈哈哈。

F 跟世上所有重要的事一樣，你要努力。

二十三年前，我因為讀了這本書，改變了我對廣告的無知，讓我成為一個專業的廣告從業人員。

二十三年後，我更加理解，廣告是真的可以改變世界。

你對任何現實世界裡的問題感到不滿、挫折、困惑，都可以倡議，實際去參與，提出解決方案。而廣告是你的夥伴，讓你可以找到更多夥伴，好讓你的夢想變成現實。

廣告來自人性，除了極少數如性別觀念的改變外，人性並沒有太多變化。這本書因此值得一看再看，這就是經典的價值。這也是我私心努力想要前往的方向，我期許我的每一個作品都可以這樣。

最後，容我以以下這句話勉勵你和自己，「打造成功的廣告是一門技藝，其中一部分靠靈感，但絕大多數還是仰賴知識以及努力。如果你有一定程度的才華，而且知道怎麼樣把產品賣出去，你的職涯就能走得長久。」

跟跑步一樣，抬起腿，跑下去，都是你的，沒有人奪得走。

盧建彰

創意人、廣告導演

推薦序

讓廣告變得時髦的傳奇大師

我在六〇年代中期第一次讀到這本重要的著作，當時我仍是資歷尚淺的文案寫手。那時我有幾位上司，其中一人是彼得．梅爾（Peter Mayle，他後來出版許多知名著作）。梅爾當時剛從紐約的奧美公司來到倫敦，而這本在一九六三年出版的著作，也成為我們這群小伙子的必讀之作。那時我們身穿扣領襯衫、腳踩縫了厚厚固定邊條的皮鞋，大家都努力拍馬屁討好上司，想搶到最棒的專案。大衛．奧格威的書雖然薄薄的，但內容充實生動，很快就能輕鬆讀完，書裡每句話都是能在廁所或電梯裡閒聊時引用的金句。要是將這本書比喻為我們的《聖經》，可能會被奧格威先生罵說根本是在講「空洞的大話」。不過，對於我們這群六〇年代的廣告人、每天絞盡腦汁想寫出奧格威先生所謂「吸睛廣告文案」的人來說，這本書的地位確實堪比《聖經》。

我們對下面這句話更是情有獨鍾：「要是一個人覺得生活索然無味，就不太可能端出好的作品。」對我們而言，梅爾是「奧格威好書」的闡釋者，他說這句話是指「特立獨行者」（創意人）應該要有充分的時間，能好好在蘇活區享用一頓中餐。其實奧格威還說過一句很另類的話，只是大家鮮少耳聞罷了，他說：「喝了酒，我們的產量就會更高。我發現只要喝了兩、三杯白蘭地，我就更能寫。」對我這個世代的廣告人來說，隨著薪資越來越優渥、產業在六〇年代蓬勃發展、大家都將福特跑天下（Cortina）換成更時髦的車款，這句話無疑成了所有人心中的至理名言。畢竟，奧格威就說：「如果只付微薄的薪水，是請不到聰明人的。」說得真好。

我懷疑奧格威身穿的滕博阿瑟（Turnbull & Asser）襯衫跟永遠都噴著煙的菸斗，如同那個讓他家喻戶曉的海瑟威（Hathaway）廣告裡的眼罩男子，都是刻意塑造出來的形象。但奧格威先生擁有美國人務實頑強、自我推銷的特質，又帶點英國人的自戀傾向，有誰能不被他迷住呢？

奧格威的一句經典名言是：「九九%的廣告，都沒有成功將任何東西賣出去。」由此看來，難怪這本書一出版就成為必讀著作。奧格威大量引用美國諷刺作家孟肯（H. L. Mencken）、英國政治家邱吉爾、法國平面藝術家雷蒙德・薩維尼亞克（Raymond Savignac）、蘇聯政治家阿納斯塔斯・米高揚（Anastas Mikoyan），還有馬戲團大亨巴納姆（P. T. Barnum）跟英國作家赫胥黎的文句。曾短暫在牛津受教育、後來到麥迪遜大道開公司的他，不僅讓行銷廣告變得更酷炫時髦，還讓廣告業首度成為值得尊敬的產業。

這本書裡充滿他的「戒律」，有些令人莞爾一笑，有些則像是當頭棒喝。身為作者的他總是充滿自信，篤定地向廣告界提供建議，從公司收發室職員到企業客戶都受用。他那海明威式的生平（從巴黎廚師到阿米什農民），可能就像舒味思汽水的廣告代言人——懷特黑德指揮官（Commander Whitehead）那樣豐富精彩。（按：懷特黑德曾為英國海軍軍官，之後擔任舒味思美國業務主管。）而且，他對自己的肯定未曾動搖，對公司也抱持著絕對的信心。他就這樣打響自己的知名度，也讓以自己為名的公司嶄露頭角，那間公司就是奧美。（Ogilvy, Benson & Mather，大衛是不可能以民主的方式，按照字母順序讓自己的姓排在最後面的。）

經過四十年後再回望，他的廣告或許有些過時，這本來就在預料之內。但他開闊的思想與見解，依然與我們今日所處的世界相契合。在這個更憤世嫉俗的年代，許多他那常被人掛在嘴邊的名言佳句，早已變成警世真理。像是：領導者必須勇於解決衝突與難題；如果已經花錢請人替你做事，就不要把事情拿來自己做；聘請比自己優秀的人才；如果沒有人注意到你，講再多都是白費唇舌。

最後，這本書之所以如此重要，是因為書中內容不僅針對廣告產業，還探討在任何產業最棘手的環節中，人是如何思考以及行動的。其實，大衛另一句較為人熟知的名言並不是針對廣告產業：「我欣賞舉止溫和優雅、把其他人當人看待的人。我討厭動不動就要吵架、打筆戰的人……我鄙視諂媚上司的馬屁精，這種人通常也會霸凌下屬。」

作為愛好棒球的英國人，奧格威曾說：「不要短打，而是擊出全壘打。目標是成為永垂不朽的存在。」

在廣告界，這本輕薄小巧的書，儼然讓他成為永垂不朽的傳奇人物。

亞倫．帕克爵士（Sir Alan Parker）

英國名導

本書背後的故事

動筆寫下這些自白的十四年前，我來到紐約，在那裡開了一家廣告公司。美國人都覺得我瘋了。像我這樣一個蘇格蘭人，怎麼可能懂什麼是廣告？

結果，我的公司**立刻**、**迅速**打響名號。

這本書是我在一九六二年的夏日假期寫成，並將版權送給兒子，當作他的二十一歲生日禮物。我以為這本書大概會賣四千本，但竟然出乎我意料地成為超級暢銷書，後來還翻譯成十四種語言。截至目前，這本書已經賣出大約一百萬本了。

為什麼要寫這本書？首先，我想替自己的廣告公司吸引新客戶。再來，我想替公開發行公司股票打造有利的市場環境；最後，我希望提高自己在這個圈子裡的知名度。這本書也確實一石三鳥。

如果我是今天寫這本書，就不會那麼輕率、如此吹牛，也不會擺出一副說教的態度。讀者會發現這本書裡充滿**規則**：做這個、做那個，但那個不要做。但廣告人對教條與規則特別感冒，年輕的廣告人尤其如此。假如是現在，我就不會說：「不要用黑底白字來做文案。」我會說：「研究顯示，黑底白字的文案比較不會有人想看。」在當今這個比較寬容的社會，這種說法或許比較圓滑一些。

我在奧美的同事基本上都採納我的準則，成功替許多廠商銷售各種產品，結果跟我寫這本書的時期相比，公司規模已成長六倍。我們現在不再只有一間辦公室與十九位客戶，而是總共有三千名客戶以及兩百六十七間辦公室，其中有四十四間在美國。

陌生人寫信來感謝我，說他們按照我在書裡提供的建議行事後，業績與銷售有了驚人成長。我也碰到許多行銷圈的大人物，他們說自己的事業之所以有這番成績，全是因為在剛起步時讀了我的著作。

我之前用「男人」（men）來指稱廣告從業人員，這點我很抱歉。別忘了，我是在二十五年前寫這本書的，當時多數廣告人都是男性，今天則以女性居多，謝天謝地。

假如讀者在書裡嗅到一點自負的氣息，我想告訴大家我的自負是有選擇性的。畢竟，除了廣告之外，我是個蠢到不行的笨蛋。我沒辦法讀資產負債表、不會用電腦，也不會滑雪、打高爾夫跟畫畫。但在廣告領域，《廣告時代》（*Advertising Age*）將我譽為「廣告界的創意天王」。《財富》雜誌（*Fortune*）刊過一篇跟我相關的文章，文章標題為：〈大衛・奧格威是天才嗎？〉為了那個問號，我可是立馬請律師告那位編輯。

過沒多久，我成了一座休眠的火山，躲進公司的「管理部門」。但麥迪遜大道的喧囂讓我受不了，所以我跑到法國中部種些花草，同時又多管閒事地用備忘錄轟炸合夥人。

我的準則大多來自研究結果。一般來說，這些準則在當今以及在一九六二年都適用。但書中有三個說法需要修正：

- 在第七章，我寫說「如果你的廣告有附回函，而你希望能回收越多回函越好，那就要把回函放在上方中央。」這個說法今天不適用。請將訂購回函放在**右側底部**。
- 在第八章，我寫「**討人喜歡**的廣告未必有能力將產品**賣出去**」。但奧格威研究與發展中心（Ogilvy Center for Research and Development）的近期研究顯示，觀眾喜歡的電視廣告的銷售能力，大於他們不喜歡的廣告。
- 在第八章，我建議讀者將電視廣告的說詞限制在每分鐘九十字。不過，現在大家都曉得每分鐘講兩百個字，能讓你銷售更多產品。戶外市集的攤商都懂這點，所以他們講話速度很快。

而專門用來探討電視廣告的第八章內容並不適切，我只能說在一九六二年，大家對電視廣告的成效和局限所知甚少。如果讀者有興趣，能在一九八三年由皇冠出版社（Crown）出版的《奧格威談廣告》（*Ogilvy on Advertising*）中，讀到後來的研究發現。

這本書裡沒有提到企業文化，尤其是廣告公司的企業文化。在一九六二年，我根本沒聽過企業文化，其他人也沒有。多虧兩位商學院的學生，泰倫斯．迪爾（Terrence Deal）和艾倫．甘迺迪（Allen Kennedy），我們現在知道「那些讓美國揚名國際的企業家，都熱血努力地**在自己的組織中創建強大的文化**。那些形塑價值觀、塑造英雄、制定規範準則、共享文化網絡，來養成獨特企業身分認同的公司，才是能殺出一條血路的企業。」

現在，除了美國以外，企業文化的概念也已在英國扎根。法蘭西斯·康洛斯（Frances Cairncross）在《經濟學人》中寫道：「成功公司的共有特點，就是會有意識地塑造企業文化。」

有家大型廣告公司的老闆最近跟我說：「奧美是世界上唯一擁有真正企業文化的廣告公司。」比起其他優勢，或許這才是讓我們與競爭者拉開距離的特質。我是這樣看待我們的企業文化：

有些員工在我們公司服務了一輩子。我們用盡全力讓公司成為最棒的工作場所。這是我們最重視的。

我們將員工當人看。他們在工作上遇到麻煩，還是生病、有酗酒問題等，我們都會伸手幫忙。

我們協助員工將他們的才華發揮到極致，並投入大量時間與金錢進行培訓，就像教學醫院那樣。

我們的管理制度超級民主。我們不喜歡階層嚴明的官僚作風，也不喜歡死板的勢力排序。

我們賦予管理階層極大的自由以及獨立自主的空間。

我們喜歡舉止溫和有教養的人。奧美公司的紐約辦公室每年都會頒發「文明敬業精神獎」。

我們喜歡在討論事情、對待客戶，以及面對消費者時，誠實坦然的人。

我們欣賞勤奮、客觀以及仔細盡責的人。

我們厭惡辦公室政客、拍馬屁者、惡霸，以及愛自我膨脹的人。我們討厭粗魯無禮。

每個人都有升遷的機會。公司內部沒有任何偏見，宗教成見、種族偏見或性別歧視等都沒有。

我們厭惡任人唯親以及各種形式的偏袒和裙帶關係。在拔擢員工方面，除了判斷各項專業能力之外，我們也非常重視其**性格**。

提供客戶建議時，我們都會假設自己就是那間公司的擁有者，並以這個立場來給意見，不會去想我們給的意見是否對自己有利。

客戶想從廣告公司那邊得到的是最傑出的行銷宣傳。因此，我們將創意擺在第一位。

工作中的自信與傲氣以及神經質的固執，兩者之間只有一線之隔。不管客戶決定採用什麼廣告，我們都不會有所怨懟，畢竟花錢的是他們。

許多客戶委託我們處理他們在不同國家的廣告。而我們會讓客戶知道：不管他們是跟哪個國家的奧美辦公室接洽，都能得到同樣高標準的服務。所以我們才會希望，世界各地的奧美辦公室都擁有同樣的企業文化。

行銷客戶的產品時，我們也會盡量不去觸犯當地國家的風俗民情。

我們非常重視**保密**。客戶不喜歡會洩露企業機密的廣告公司，也不喜歡廣告公司將功勞攬在自己身上。搶走客戶的光彩相當惡劣。

我們有個令人惱火的習慣，就是會對自己的表現極度不滿，這樣我們才不會過於自鳴得意。

我們公司的觸角廣大多元，而這是由人際網絡所支撐的。大家都在同一艘船上。

我們覺得將報告與信函寫得好是很重要的事，報告必須**簡短易讀**。但我們對偽學術的高深術語很反感，例如「態度上的」（attitudinal）、「範式」（paradigms）、「去大眾化」（demassification）、「重新概念化」（reconceptualize）、「局部最佳化」（suboptimal）、「共生連結」（symbiotic linkage）、「割裂」（splinterization），以及「面向化」（dimensionalization）。（物理學家恩尼斯特・拉塞福〔Ernest Rutherford〕常對卡文迪許實驗室〔Cavendish Laboratory〕的工作人員說，如果他們無法向酒吧女服務生解釋他們的物理，那就不是好的物理。）

瘋狂地重複多次之後，我的那些「附帶意見」已經與我們的企業文化密不可分，以下是其中幾項：

①「做廣告就是為了把東西賣出去。」

②「如果讓人感到不厭其煩，他們是不會買產品的。要讓消費者對產品**感興趣**，他們才會花錢。」

③「我們喜歡知識建構出的紀律，而不是無知釀成的混亂場面。我們一心求知，就像小豬追尋松露。盲目的豬偶爾還是會找到松露，但知道松露長在橡樹林裡卻能更省事。」

④「我們雇用有腦袋的紳士。」

⑤「消費者不是白痴。消費者是你的妻子，不要侮辱她的智商。」

⑥「除非你的廣告裡有什麼絕妙的點子，否則廣告會像一艘在夜裡行進的船一樣，根本不會有人注意到。」（搞不好在一百則廣告裡，

只會有一則廣告的點子很創新絕妙。大家都覺得我總是能想出源源不絕的好點子，但在我漫長的職涯中，真的能拿出來說的好點子也不超過二十個。）

⑦「只用一流的方式做一流的業務。」

⑧「不要推出你不希望家人看見的廣告。」

⑨「你到所有城市的公園去找，也找不到紀念一大群人的雕像。」

本書完全沒有提到「直接反應式」廣告，這種就是請讀者透過郵件直接從廠商那裡訂購產品的廣告。寫這類廣告的人，都明確知道他們賣出多少產品，而那些寫「一般」平面廣告和電視廣告的人通常不會知道。畢竟，行銷組合中牽涉的因素實在太多，像是競爭對手的削價競爭策略，以及零售商縮減庫存等。

令人不解的是，「直接」廣告中最有效的行銷技巧，很少用在一般廣告上，例如提供產品的實際資訊。

要是所有廣告商都效法直接反應式廣告的做法，一定能**賣**更多產品。每個寫廣告文案的人，都應該在剛踏入廣告業的時候，先在直接反應式廣告領域累積兩年經驗。只要看廣告一眼，我就能看出寫文案的人有沒有直接反應廣告的經驗。

廣告，面臨著四大危機

廣告業目前面臨四大危機。

首先，向來是廣告業主要支柱的包裝貨物類廠商，目前投注在折價銷售上的經費，比花在廣告上的錢還多出一倍。他們用打折的方式來換取銷售量，而不是用廣告來樹立強而有力的品牌形象。然而，任何一個笨蛋都能舉辦折價銷售，但是要建立品牌可是需要頭腦與毅力。

之前有個非常知名的咖啡品牌叫查斯與桑柏恩（Chase & Sanborn），後來這家廠商開始打折促銷，還**打上癮**了。現在這個品牌到哪去了？根本消失得無影無蹤。

聽聽我一九五五年在芝加哥一場演講中說的：

是該**拉警報**了。我們該警告那些把錢全花在折扣促銷上、沒有剩餘資金來做廣告樹立品牌形象的廠商，讓他們知道這會是什麼下場。

折價促銷沒辦法建立強大堅韌的品牌形象。但只有靠強大的形象，品牌才能成為消費者生活肌理的一部分。

倫敦商學院的安德魯·埃倫伯格（Andrew Ehrenberg），大概是行銷圈目前數一數二有頭腦的人。他表示折價促銷能引誘消費者去嘗試一個品牌，但他們最後還是會回到自己習慣的牌子，彷彿什麼事也沒發生過。

為什麼有這麼多品牌經理對折價促銷著迷不已？因為雇用這些經理的人，只對下一季的利潤感興趣。為什麼？因為比起公司的未來，他們更在意股票選擇權。

減價促銷是毒品。找個已經染上毒癮的品牌經理來問一問，看看在毒品那種飄然迷茫的感覺退散後，公司的市占率如何。他一定會想換話題。但問他這種促銷活動是否有增加公司**利潤**，他又會顧左右而言他。

從前輩手上將品牌接下來的市場商人，正讓這些品牌逐漸被民眾遺忘。他們很快就會發現，自己無法掌管沒人聽過的品牌。品牌是他們繼承的希望種子，但他們正將種子吃掉。

這些追求折價促銷的呆瓜，通常也會有砍掉廣告預算的習慣。那些跟廣告代理商討價還價的客戶，就像在看遠方時把望遠鏡拿反了那樣。與其想方設法縮減一五%的廣告代理預算，他們應該將注意力擺在花在時間與版面上的那八五%的預算，讓那些資源盡可能帶來最高的銷售報酬。這才是效用關鍵。沒有任何廠商會因為付給廣告代理商比較少錢而發財。花小錢是請不到人才的。

第二個問題在於，廣告公司目前充斥許多將廣告視為前衛藝術表現形式的人，英國、法國和美國的廣告公司尤甚。他們當了一輩子的廣告人，但從來就沒有成功把什麼東西賣出去過。他們的野心是在坎城影展上拿獎，並哄騙可憐的客戶一年花幾百萬美元來展示他們的原創性。他們對自己宣傳的產品一點興趣也沒有，還以為消費者也不會在意，所以對產品的優點隻字不提。他們充其量只是娛樂大眾的人，而且還不是很厲害的那種。有很多這一類的人是藝術總監，他們的思維偏視覺導向，根本不會去閱讀文字，因此把我的文案搞得連消費者都難以閱讀。最近在一場午餐會上，有位憤怒的廠商批評這些自我陶醉的白痴「假鬼假怪、沒什麼男子氣概」。想想我受過的教育，要是我沒有花那五年時間挨家挨戶推銷廚具，搞不好也會掉進這種圈套。一日銷售員，終生銷售員。

第三個問題是，廣告圈出現一些自大狂，他們的思維比較偏向財經、而非創意。讓他們的客戶驚訝的是，那些人是透過併購其他廣告公司，來建立自己的帝國。

第四個問題是，廣告公司依然在浪費客戶的錢、重複犯相同的錯。我最近在一本德國雜誌上，讀到四十九個黑底白字的廣告。但多年前就有研究顯示，黑底白字讀起來相當吃力。

在一趟十小時的火車行，我讀了三本雜誌裡的廣告。然而，這些廣告大多違反我多年前就發現、而且也都寫在本書中的基本原則。做出這些廣告的文案作家跟藝術總監都是無知的業餘者。

他們為什麼無法從經驗中學習？難道是因為廣告從業人員都是沒好奇心、不追根究柢的人嗎？還是科學研究方法對他們來說難以理解？是不是因為他們怕自己會被知識給束縛？還是怕知識暴露出他們的無能？

我的最後願望與叮嚀

我的職涯起點，是在普林斯頓大學跟著蓋洛普博士（Dr. Gallup）做研究。之後，我成為廣告文案寫手。據我所知，我是唯一一位從研究起家的「創意」好手。所以，我會從研究者的客觀視角來審視創意工作。以下是我學到的最寶貴的經驗：

- 打造成功的廣告是一門技藝，其中一部分靠靈感，但絕大多數還是仰賴知識以及努力。如果你有一定程度的才華，而且知道怎麼樣把產品賣出去，你的職涯就能走得長久。
- 去娛樂受眾、而非銷售產品的誘惑是會傳染的。
- 以銷售量來衡量兩個廣告之間的差別，差距有可能極為懸殊。
- 動手寫廣告文案之前，一定要先研究產品。

- 成功的關鍵是承諾讓**消費者得到好處**，例如：口味更好、洗得更乾淨潔白、每加侖的油能跑更遠、氣色看起來更好。
- 絕大多數廣告的功能，並不是說服民眾來試用你的產品，而是說服他們在所有選擇中，更常使用你的品牌而非他牌（謝謝你，埃倫伯格）。
- 在一個國家裡管用的廣告，在其他國家通常也有用。
- 比起廣告人，雜誌編輯更懂溝通宣傳。學學他們的技巧。
- 多數廣告文案都太複雜了。他們投射出太多目標，而且企圖迎合許多專案經理的相異見解。但試著容納太多東西，到最後什麼都成就不了。這種廣告看起來就像委員會的會議紀錄。
- 不要讓男性寫女性產品的廣告文案。
- 好的廣告不管過再久也不會失去銷售能力。比方說，我替海瑟威襯衫做的戴眼罩男子的廣告，就持續用了二十一年。而我幫多芬肥皂做的廣告也已經有三十一年歷史，但多芬至今依然是銷售第一。

一日銷售員，終生銷售員。

大衛．奧格威，一九八八年

我的背景

孩提時期，我住在英國作家路易斯・卡羅（Lewis Carroll）位於吉爾福德（Guildford）的故居。深受我敬重的父親是講蘇格蘭蓋爾語的高地人，他除了是古典學者，還是偏執的不可知論者。有一天，他發現我瞞著大家上教堂。

「聰明的兒子啊，你怎麼有辦法忍受那些胡說八道？僕人上教堂聽聽就算了，受過教育的人怎麼能去聽那些鬼話。如果要當個紳士，不一定要是基督徒啊！」

我媽是漂亮、但性格古怪的愛爾蘭人。她決定不讓我繼承她的財產，原因是就算沒有她的幫助，我也能賺到花不完的錢。這點我無法反駁。

九歲那年，爸媽送我到伊斯特本（Eastbourne）的多特男童寄宿貴族學校（Dotheboys Hall）。校長對我的評語是：「他的想法非常獨一無二，常跟老師爭論，試著說服老師他是對的、教科書是錯的。不過，這大概進一步證明他的想法確實與眾不同。」我曾在學校說拿破崙可能是荷蘭人，因為他弟是荷蘭國王，校長夫人聽到後，沒讓我吃晚餐就叫我去睡覺。我在《錯誤的喜劇》（*The Comedy of Errors*）裡扮演修道院一員，而校長夫人在幫我穿道袍時，我用她不喜歡的加重語氣排練我的開場白台詞，她一聽到就捏著我的臉、把我揉擰到地上。

十三歲那年，我到費蒂斯公學（Fettes）就讀，學校裡嚴格的斯巴達式戒律，是我舅公英格里斯大法官（Lord Justice General Inglis）制定的，他是蘇格蘭歷來最偉大的執法者。而我也在這所名聲響亮的學校交到幾位朋友，其中有伊安·麥克勞德（Iain Macleod）、尼爾·麥克佛森（Niall

Macpherson）、諾克斯・坎寧安（Knox Cunningham），還有幾位後來成為國會議員的人。在教職員中，我記得一直鼓勵我拉低音提琴的亨利・哈維格（Henry Havergal），還有一邊教我歷史、一邊寫出《一〇六六年之種種》（*1066 and All That*）的沃特・塞勒（Walter Sellar）。

我在牛津大學的表現實在很差。歷史學家基思・費林（Keith Feiling）給了我一筆基督堂學院（Christ Church）的獎學金，其他教授也好心提供許多協助，像是派崔克・戈登—沃克（Patrick Gordon-Walker）、洛伊・哈羅德（Roy Harrod）、羅素（A. S. Russell）。但我當時沒有專心在學業上，最後被退學。

那年是一九三一年，經濟跌到谷底。在往後的十七年，我的朋友先後成為醫師、律師、政府官員以及政治人物，我卻依然在世上遊蕩，人生沒有明確目標。我在巴黎當過廚師，也做過挨家挨戶的推銷員、愛丁堡窮人社區的社工、蓋洛普博士的電影產業研究助理、威廉・史蒂文森爵士（Sir

William Stephenson）在英國安全協調處的助理，還在賓州當過農民。

我少年時期的偶像是大衛・勞合喬治（Lloyd George），一直希望長大後能當首相。但我後來成為麥迪遜大道上的廣告代理商，我的十九位客戶的營收現在已經比英國女王的政府收入還高。

諷刺畫家麥克斯・畢爾邦（Max Beerbohm）曾對劇作家貝爾曼（S. N. Behrman）說：「假如我得到一大筆錢，就要在所有大報上刊登大型廣告。這份廣告中只會有一句簡短的話，並用巨大的黑色字體印出。這句話是我聽一位丈夫對他太太說的：『親愛的，世界上任何東西都不值得買。』」

但我的立場正好相反。我想買所有在廣告裡看到的產品。我父親曾提過一種產品，那個產品「在廣告裡被包裝得很完美」。我花一輩子時間在廣告中將產品捧上天。我希望消費者在購買產品時得到的滿足，能跟我在行銷這些產品時獲得的樂趣一樣多。

以過時的第一人稱來寫這本書，我已經違反當代美國行為的規範了。不過，如果我在坦露**自己的**過失、描述**個人**經歷時用**我們**來說，那也未免太矯揉造作。

大衛・奧格威

伊普斯威治（Ipswich），麻薩諸塞州

第 1 章

廚房裡的領導課

經營廣告公司就跟經營其他創意機構，如：研究室、雜誌社、建築師事務所，或是知名餐廳一樣。

三十年前，我在巴黎的壯麗酒店（Hotel Majestic）當廚師，紐約亭園餐廳（Pavillon）的老闆亨利・蘇萊（Henri Soulé）跟我說，世上大概沒有比壯麗酒店更頂級的餐廳了。

我們這群廚師總共有三十七人，大家像苦行僧那樣埋頭苦幹，每週工時高達六十三小時，而那個年代還沒有廚師工會。從早到晚，我們汗流浹背，在吵鬧以及咒罵聲中做菜。廚房裡的每個漢子都抱著相同的野心：要把菜做得比其他廚師好。我們的團隊精神堪比海軍陸戰隊。

王牌主廚的領導啟示錄

我總是想，要是我能搞懂主廚皮塔先生（Monsieur Pitard）是如何激起這種沸騰狂熱的士氣，就能將同樣的領導概念運用在我的廣告公司上。

首先，大家都曉得他是我們這群廚師裡廚藝最高超的。上班時，他得花大量時間規劃菜單、核對帳單、訂購食材，但每星期他總會從自己的透明玻璃辦公室走出來一次，到廚房裡認真**做點菜**。我們一群人會圍上去看，被他無與倫比的廚藝震懾住。在一位廚藝頂尖的廚師底下做事，總能讓人深受鼓舞。

（為了效法皮塔主廚，我偶爾也會自己寫寫廣告，目的是讓底下那群文案寫手知道我還寶刀未老。）

皮塔先生以嚴厲苛刻的方式管理廚房，我們都非常怕他。他就坐在玻璃辦公室裡，在那個象徵權威的空間。每次只要我一出錯，就會抬頭看看他那銳利的雙眼是否注意到了。

廚師跟文案寫手一樣，工作壓力極為龐大，所以容易與人起衝突。我想就算我們的領班性格更隨和，也無法阻止廚師間的爭執演變成火爆的衝突場面。廚房的調味師布爾吉尼翁先生對我說，廚師只要活到四十歲，就算沒死也已經瘋了。我完全懂他在講什麼：一天晚上，我們的湯品廚師從廚房另一端朝我連丟四十七顆雞蛋，其中有九顆打中我的頭。因為那天晚上，我一直在他的高湯鍋裡打撈骨頭，想把骨頭拿給一位賓客養的貴賓狗。我把他逼到忍不住了。

我們的糕點師也滿怪的。每晚離開廚房時，他總要把一隻雞塞在他的紳士帽裡。去度假時，他還會要我在他的保暖內搭褲中塞兩打桃子。不過，英國國王與女王要在凡爾賽宮舉行國宴時，這個淘氣的天才倒是贏過法國其他的糕點師，受到欽點負責製作裝飾用的糖籃以及小蛋糕。

皮塔先生很少誇人，但每次被他誇獎，我們就會高興得飛上天。法國總統到我們酒店來參加宴會時，廚房裡的氣氛非常緊繃。在某個這樣的難忘場合，我被派去將白色的冷熱醬汁（chaud-froid）淋在田雞腿上，並且在每隻腿上擺上一小片裝飾用的細葉香芹。突然，我發現皮塔先生站在後面看我動作。我怕得兩腳直打顫，雙手也抖個不停。他取下插在漿得筆挺帽子上的鉛筆，在空中揮一揮，叫大家圍過來看。他指著我面前的田雞腿，輕柔緩慢地說：「就是要這樣做。」有他這句話，我甘願當他一輩子手下。

（現在，我也跟皮塔先生一樣很少稱讚員工。希望比起源源不絕的讚賞，他們更珍惜得來不易的讚美。）

皮塔先生還會讓我們見識大場面、累積經驗。一天晚上，我負責準備羅斯柴爾德舒芙蕾（用三種烈酒），他帶我上樓到餐廳的門邊，叫我看保羅．杜美總統（Paul Doumer）是如何吃這道甜點的。三週後，在一九三二年五月七號，杜美死了。[1]

（我發現我的員工在見過大場面後，工作態度也非常高昂。在危機感

1 不是我的舒芙蕾害的，是被一位瘋狂俄羅斯男子的子彈殺死的。

迫使下連夜趕工後，他們往後幾週還是能保持很高的士氣。）

皮塔先生沒辦法忍受工作能力不佳的人。他知道讓專業人士跟能力不足的外行人共事，工作士氣會受到影響。我看過皮塔先生在一個月內連續開除三名糕餅師傅，因為他們都犯了同樣的錯：烤出來的布里歐頂部弧度不均。前英國首相威廉·格萊斯頓（William Gladstone）一定會大大讚賞這種無情的作風，他認為「要當首相，就得先跟屠夫一樣殘忍無情。」

皮塔先生也讓我養成嚴謹的服務標準。比方說，他有一次聽到我跟服務生說我們的當日特餐剛賣完，差點為此把我開除。他說像我們這樣的大餐廳，必須謹守自己開出來的菜單。我說這道菜很費時，顧客不可能等我們把下一批特餐做出來。那道菜有可能是酒店知名的烤鮭魚派，那是一道相當複雜的鮮魚燉菜，材料有鱘魚脊骨髓、粗粒小麥粉、鮭魚肉片、蘑菇、洋蔥以及米，並包在布里歐麵皮裡烤五十分鐘。或者，那道料理也有可能是更具異國風味的卡洛莉泡芙，那道菜是在泡芙餅皮裡塞入用香檳烹煮而成的山鷸內臟泥，淋上棕色的冷熱醬，再蓋上野味肉凍。因為已經過了太久，我想不起來是哪道菜了。但我清楚記得皮塔先生對我說：「下次，只要你發現我們的當日特餐賣完了，一定要來跟我說。我會打電話給其他飯店或餐廳，去找哪一家店有賣一模一樣的餐點。然後我會叫你坐計程車把那道菜買回來。絕對不要再跟服務生說我們的餐點賣完了。」

（現在，要是奧美有任何人跟客戶說我們無法在約好的那天，把廣告文案或電視廣告交出來，我會氣到不行。頂尖企業一定會守住承諾，不管有多痛苦、不管加多少班都在所不辭。）

臭酸內臟、財富與兩顆烤蘋果

我加入皮塔先生的廚房不久後，就碰到一個父親或老師都沒跟我討論過的道德問題。當時，冷盤廚師叫我將已經腐臭的生小牛胸腺，給調配醬汁的師傅。雖然醬汁的調味會把腐敗的氣味蓋過去，讓客人在毫無察覺的情況下把菜吃下肚。但我內心知道，要是顧客把這種東西吞下肚，恐怕會有性命之憂。我對冷盤廚師表達抗議，但他堅持要我照辦。他知道要是被皮塔先生發現新鮮的小牛胸腺已經用完就完蛋了。我該怎麼做？按照我從小到大受的教育，通風報信是卑鄙的行為。但我還是去打小報告了。我把腐敗的小牛胸腺拿給皮塔先生聞。他二話不說直接去找冷盤師傅、把他開除。這個可憐的傢伙只好立刻滾蛋。

在《巴黎倫敦落拓記》（*Down and Out in Paris and London*）中，喬治·歐威爾（George Orwell）直言法國人的廚房很髒。這八成是因為他從來沒有在壯麗酒店工作過。皮塔先生對廚房整潔的要求嚴格。每天，我都得用銳利的刨子刨食品室的木製表面兩次。而且，我們每天會刷地兩次、在地板撒上鋸木屑。此外，每週都會有專業的除蟲者，來廚房檢查有沒有蟑螂。而每天一早，酒店都會發乾淨的工作服給我們。

（現在，我都要求員工維持工作環境整潔。要是辦公室雜亂無章，人就會懶散怠惰，還有可能把機密文件搞丟。）

我們這群廚師的薪水超低，但皮塔先生能從供應商那邊抽超多佣金，所以才有辦法住在豪華莊園裡。不過，他從來不會隱藏自己的財富。他都坐計程車來酒店上班，手拿一根鑲了金頭的手杖，下班時間都穿得像國際銀行家。而這種大肆張揚優渥生活條件的作風，也激起我們追隨他步伐的野心。

永垂不朽的奧古斯特．埃斯科菲耶（Auguste Escoffier）也有相同想法。一次世界大戰前，他在倫敦卡爾頓飯店擔任行政主廚時，總會穿著灰色長大衣、頭戴高帽，搭四駕馬車到德比（Derby）去。在我們這群壯麗酒店的廚師之間，埃斯科菲耶的《烹飪指南》（*Guide Culinaire*）一直是最高權威。每次我們對食譜爭論不休，這本書就是最後的仲裁依據。在他去世之前，過著退休生活的他有一次來我們廚房吃中餐，場面簡直就像德國作曲家布拉姆斯（Johannes Brahms）跟交響樂團樂手共進午餐一樣。

在午餐跟晚餐這兩段用餐時間，皮塔先生會站在廚師將餐點遞給服務生的那個櫃檯邊。每道菜在離開廚房前他都要檢查過。有時他會將菜退回去，請廚師再調整加工。他每次都會提醒我們，別在盤裡盛太多食物。「不要太多！」他用法語說。皮塔先生希望提升壯麗酒店的盈利。

（今天，公司將廣告交給客戶前，我也會親自檢查，其中有很多會被我退回去重新調整。我也跟皮塔先生一樣，對盈利充滿熱忱。）

在皮塔先生的領導才能中，最讓我印象深刻的，大概是他的勤奮。每週六十三小時在火熱的爐子旁烹飪，把我整個人搞得精疲力竭，休假日那天我只能躺在草地上看著天空。但皮塔先生每週工作**七十七**小時，而且兩週才休一天。

（我現在的日程表也是這樣。我發現，如果我的工作時間比員工還要長，請他們加班時，對方就不會那麼不情願。有位最近離職的經理在辭職信中寫道：「你讓我們養成在家做好準備的習慣。星期六晚上，我們在花園裡開派對，隔壁的你卻在窗戶旁的桌前繼續專注工作，這種光景實在讓人難堪。你的身體力行大家都有耳聞。」）

我還在壯麗酒店學到其他事情，像是：如果能在顧客心中樹立不可或缺的地位，就永遠不怕失業。我們最重要的貴賓是一名美國女士，她在酒店訂了有七間房的套房。正在節食的她，每餐的主食是烤蘋果。有一天，她揚言如果端上桌的烤蘋果不夠飽滿豐盈，她就要搬到麗思飯店（Ritz）去。最後，我開發出一套烤**兩顆**蘋果的辦法：將蘋果肉搗成泥並且過篩去籽後，再將兩顆蘋果的果肉放回一顆蘋果的果皮裡。結果，我烤出這位貴賓從來沒有見過的豐滿多汁蘋果，但她沒想到這道菜的熱量其實很高。她的話後來傳到廚房，說絕不能把烤這顆蘋果的廚師換掉。

我最親近的朋友是一位年長的銀器匠，他長得酷似已故的律師查爾斯・柯普・伯林漢（Charles Culp Burlingham）。他最珍視的記憶，就是曾經親眼見過愛德華七世（「愛撫王愛德華」）。當時，在馬克西姆餐廳（Maxim's）喝完兩大瓶心愛的 Entente Cordiale 酒之後，他看見愛德華七世莊嚴、緩慢地穿越人行道，往自己的四輪馬車走去。（按：歷史上，《Entente Cordiale》是一九〇四年，英法兩國針對殖民衝突進行調解後，所簽訂的友好協定。而協議的簽訂，更有愛德華七世折衝周旋的功勞。）我朋友是共產主義者，但這點大家都不怎麼在乎，他們反而對我的國籍更印象深刻。蘇格蘭人在法國廚房裡工作，就跟蘇格蘭人在麥迪遜大道開公司一樣罕見。有些廚師聽聞我國代代相傳的高地故事，就稱我為野蠻人（Sauvage）。

「野蠻」管理金律

來到麥迪遜大道後，我變得更野蠻。畢竟，經營廣告公司可不是娛樂消遣。營運十四年後，我的心得是，公司最高領導人的主要職責，在於創造讓創意鬼才能大展身手的氛圍。比方說，威廉・梅林哲醫生（Dr. William Menninger）就一針見血地點出這方面的困難：

想在廣告產業出人頭地，你必須招募一群有創意的人。換句話說，就是要延攬一批敏銳、機靈、奇特、跳脫框架的人。

你得跟絕大多數的醫生一樣，每週七天、不分晝夜地隨時待命。而廣告公司中每位主管持續承擔的壓力，都會對身心帶來負擔。像是：主管施加在業務經理與監督者上的壓力，以及業務經理和監督者施加在創意人士身上的壓力。最重要的，還有客戶施加在他們與你身上的壓力。

廣告公司員工有個很特別的狀況，就是他們會仔細觀察彼此，看自己是否比他人更早受到矚目、是否比他人更早獲得助理，以及是否比他人更早加薪。這倒不是因為他們真的這麼在乎關注、助手以及加薪，而是因為這些事情代表他們「受老闆器重」。

對員工而言，主管難免會成為父親般的角色。然而，無論是對兒女還是下屬，要當個好父親，就必須能夠理解他人、體貼他人，並流露充滿人性的慈愛與關懷。

公司草創之初，我和每位員工每天一起工作、關係緊密，溝通與情感交流都很容易。隨著團隊規模擴大，我發現這變得越來越困難。畢竟，對一個根本沒見過我的人來說，我要怎麼擔任父親的角色？我的公司現在有四百九十七名員工，我發現他們每人平均有一百個朋友，這樣總共是四萬九千七百個人。如果我把奧美公司的行動、信念以及抱負傳達給公司員工，他們再把這些訊息轉告給那四萬九千七百位朋友，這樣奧美就能獲得四萬九千七百位支持者。

所以，每年我會把全體員工集合起來一次，讓他們坐在現代藝術博物館的禮堂，坦率向他們報告公司的營運、盈利以及各種表現。然後，我會告訴他們我欣賞哪些行為，像是：

- 我欣賞刻苦耐勞的人。我討厭不把分內工作完成的人。超量工作比工作量過低還有趣。而且，賣力工作還能發揮經濟效益。只要大家工作越努力，我們需要的員工就越少，這樣就能提升公司盈利。只要利潤越高，大家能得到的錢就更多。
- 我欣賞聰明絕頂的人。要是頭腦不夠好，就沒辦法把廣告公司經營得有聲有色。但光有頭腦還不夠，**理智上的誠實與正直**也必須到位才行。
- 我有一條絕對沒有例外的規定，那就是不雇用員工的親戚或配偶，因為他們會引發惡鬥與是非。只要公司員工結婚，其中一人就得離職。

• 我欣賞滿懷工作熱忱的人。如果現在的工作無法讓你樂在其中，請你另謀高就。別忘了蘇格蘭有句俗諺說：「活著的時候一定要快樂，因為死後的時間很長。」

• 我鄙視諂媚上司的馬屁精，這種人通常也會霸凌下屬。

• 我欣賞有自信的專業人才，以及手藝卓越超群的工匠。這些人往往非常尊重同事的專業能力。他們不會占人便宜。

• 我欣賞那些聘用比自己優秀的人。那些沒安全感、所以雇用比自己不足者來當下屬的人，實在很可憐。

• 我欣賞願意培養下屬的人，因為只有這樣，我們才能從公司內部提拔人才。我厭惡從外部找人來擔綱重要職位，希望有一天我們公司再也不需要從外延攬人才。

• 我欣賞舉止溫和優雅、把其他人當人看待的人。我討厭動不動就要吵架、打筆戰的人。維持和平的最佳方法是真誠坦率。英國詩人威廉・布萊克（William Blake）就說：「我生朋友的氣，訴說憤怒後，怒氣就中止了。敵人令我氣惱，將怒氣放在心中，憤怒就隨之增長。」

- 我欣賞做事井然有序、能準時完工的人。威靈頓公爵（Duke of Wellington）都會完成當日的**所有**工作後才回家。

向職員表達我對他們的期許後，我又告訴他們我對自己的期待：

- 我盡量當公平、堅定的老闆，即便自己的決定不受大家支持也不退縮。我會努力創造穩定的環境，並且多聽少說。
- 我盡可能維持公司的士氣，讓工作氛圍保持激昂、充滿活力，滿載衝勁。
- 為了讓公司成長茁壯，我會盡量延攬新客戶（說到這裡，台下員工都仰起頭，像雛鳥等待公鳥來餵食牠們一樣）。

- 我盡可能贏得顧客的最大信任。
- 我盡量將公司的盈利最大化，讓大家在年老時不必貧窮度日。
- 制定公司策略時，我會想到遙遠的未來。
- 我盡可能在各個層級聘用最頂尖的人才，成為廣告業中最人才薈萃的公司。
- 我盡量讓公司的男女員工都能將自己的才華發揮到極致。

經營廣告公司不僅需要充沛的活力，還要有足夠的韌性，才能在挫敗後重新站起來。你必須愛護自己的追隨者，包容他們的缺點和怪癖。同時，要具備能夠平定手足競爭的才能；要有能夠掌握良機的敏銳洞察力；還要有道德感。要是被下屬發現主管原則飄忽不定、投機取巧，對團隊士氣來說可是一大打擊。

此外，更重要的是，公司領導人必須知道如何將工作授權給員工執行。這說來輕鬆，做起來卻不容易。客戶不希望自己的案子被派給資淺的職員來處理，就像患者不希望醫生將自己轉介給醫學院學生一樣。

我認為在某些大型廣告公司，向下委派任務的程度有點太超過了。上層主管只花時間處理行政事務，把所有與客戶聯繫的工作都交給基層員工。這種方式確實能建立大公司，但公司的業績會非常平庸。我個人是沒有主掌大規模官僚制度的野心，這就是為什麼我們只有十九家客戶。儘管追求卓越未必會比追求規模還有利可圖，卻能帶給我們更多滿足。

將權力與任務下放，通常會需要在公司老闆與員工之間，安插一位負責的主管。在這種狀況下，下屬會覺得自己像是被母親交給保姆帶的小孩。不過，一旦他們發現保姆其實更有耐心、更有辦法照應自己的需求，而且比母親更專業，自然就會接受這種母子分離了。

創意鬼才的特質

作為公司領導者，我的成敗取決於是否有能力找到能創造優秀廣告、滿腔熱血與幹勁的人才。創造力已正式成為心理學家研究的主題。如果他們能辨識出創意者的性格特徵，就能提供一套心理計量測試，用來篩選出那些能被教育成傑出廣告人的青年才俊。例如，加州大學性格評估研究所（Institute of Personality Assessment）的法蘭克・巴隆博士（Dr. Frank Barron），就在這方面提出令人期待的研究發現。他的結論符合我的觀察：

- 有創造力的人通常善於觀察，而且比其他人更重視精確、能洞察真理的觀察。
- 他們通常會說出部分的真相，不過是以非常生動的方式。而他們提出來的部分，通常是被大家忽略的環節。此外，他們會強調、以及偏重特定內容，來點出大家沒注意到的部分。

- 他們看待、感知事物的方式與他人相同，但也跟大家不同。
- 他們的腦容量天生就優於常人。因此，他們能同時掌握許多概念，並將各種想法拿來相互比較，最後做出更豐富的整合。
- 他們生來更有活力，而且擁有異常豐沛的精神與生理能量。
- 他們的宇宙更複雜多元，所以生活通常也更五光十色。
- 他們與潛意識的接觸比一般人還要多，總是奇想萬千、浮想聯翩，遁入想像的世界。[2]

等待巴隆博士與同事將臨床觀察整理成正式的心理計量測驗時，我必

2 "The Psychology of Imagination" by Frank Barron, *Scientific American* (September 1958).

須仰賴更老派、取自實證經驗的方法，來挖掘創意十足的鬼才。每次我看到優秀的廣告文案或電視廣告，就會去查清楚創作者是誰。我會打電話給那位廣告寫手，恭喜他做出這麼優秀的作品。根據調查，比起到其他廣告公司，有創意的人更喜歡在奧美任職，所以我的電話通常會吸引對方到奧美求職。

我會請求職者遞交六份自己寫過最好的廣告文案或電視廣告。跟其他審核流程相比，這能顯示出他是否有辨別好廣告的能力，還是單純是一位能幹的廣告總監底下的棋子。有時，我會到對方家拜訪。踏進家門十分鐘，我就能判斷對方腦袋裡是不是真的有東西、品味如何，以及是否樂於承受壓力。

每年，奧美都會收到數百封求職申請。我對來自中西部的求職者特別感興趣。比起身價高昂、從麥迪遜大道上某家時髦廣告公司逃出來的人，我寧願雇用來自德斯莫恩（Des Moines）、有抱負的青年。每次看到那種擺架子、冷漠批判、超級沉悶乏味的人，我就會想到南非詩人羅伊・坎貝爾（Roy Campbell）的《關於一些南非小說家》（*On Some South African Novelists*）：

> 你讚美他們寫作時堅定的克制力，
> 當然，你的觀點我同意。
> 馬銜鐵跟勒馬繩，他們用起來得心應手，
> 但那匹該死的馬究竟在哪裡？

我會特別留意來自西歐的應徵者。我們有幾位最頂尖的文案寫手是歐洲人。他們受過不錯的教育、工作勤奮，比較沒那麼墨守成規，而且在面對美國消費者時也較客觀。

不思考的思考

廣告說起來是**文字**工作，但廣告公司裡充斥著沒辦法寫作的男男女女。他們不會寫廣告文案，也沒辦法撰寫提案。他們就像大都會歌劇院台上的聾啞人士那樣無助。

目前，多數負責創作廣告的人（包含代理商與客戶）都相當拘泥傳統，這點實在令人難過。商業界想要傑出的廣告，但是卻冷落那些有能力創造優秀廣告的人才。阿爾伯特・拉斯克（Albert Lasker）靠廣告賺了五千萬美元，其中一部分原因，就是因為他能忍受優秀文案寫手的差勁態度，像是約翰・甘迺迪（John E. Kennedy）、克勞德・霍普金斯（Claude C. Hopkins）以及弗蘭克・赫莫特（Frank Hummert）等人。

許多大型廣告公司現在都由第二代管理者經營，他們之所以能爬到頂端，是因為他們交際手腕高超、姿態圓滑。但逢迎諂媚者無法創造優質的廣告。殘酷的事實是，雖然現代廣告公司分工精細、組織精良，但他們產出的廣告，不像霍普金斯與拉斯克在那草根年代所創造的廣告如此有效。這個產業需要大量的**人才**……而我認為，人才大多隱身在不墨守成規者、異議分子以及反叛者中。

不久前，芝加哥大學（University of Chicago）邀我出席一場關於創意組織的研討會。多數與會者是學識淵博的心理學教授，他們的工作主要是研究所謂的「創造力」。我覺得自己像是出席婦產科醫師大會的孕婦那樣，向他們描述我從領導七十三位作家與藝術家的經驗中，對創意構思過程有哪些進一步的認識。

創意構思過程不只需要理智。許多獨一無二的思維甚至無可言說。這是一種「受潛意識啟發、由直覺式的預感主導，對各種想法進行的探索和實驗」。多數商人都無法以獨一無二的方式來思考，因為他們無法擺脫理智的囿限。他們的想像力被綁住了。

我幾乎沒有什麼邏輯清晰的思考，但我已經發展出一套技巧，讓自己與潛意識之間的溝通保持暢通。因此，假如這個雜亂無章的儲藏室有什麼事想讓我知道，我就能隨時與之聯繫。我聽很多音樂，滿喜歡約翰．巴利康（John Barleycorn）的作品。我花長時間泡熱水澡，也喜歡蒔花弄草。我會遁入阿米什人的社群、遠離塵囂。我會觀察鳥類，在鄉間散步健行。此外，我也常休假放鬆，讓腦袋靜一靜：不打高爾夫、不參加派對、不打網球、不打橋牌、不專注思考任何事，只騎腳踏車。

在這段什麼事都不做的期間，我還是會持續收到潛意識捎來的訊息，而這些資訊就成了我廣告的原始素材。但除了素材之外，我還需要勤奮工作、保持思想開放，並且秉持不受拘束的好奇心。

激發創造力的財富滋味

另一方面，**獲利**的渴望是許多偉大人類創造的原動力。韓德爾（George Frideric Handel）生活困頓時，把自己關在家長達二十一天，譜寫出《彌賽亞》（*Messiah*）全劇，一推出就讓他發大財。《彌賽亞》中的多數旋律都不是原創，而是韓德爾從潛意識中取出的。潛意識中的曲調素材，則是他在聆聽其他作曲家的創作時捕捉下來，或是他之前在譜寫那些被人遺忘的歌劇時，就寫過的旋律。

在一場卡內基音樂廳的演奏會結束時，指揮家兼作曲家沃特·達姆羅施（Walter Damrosch）問拉赫曼尼諾夫（Sergei Rachmaninoff），他在演奏協奏曲、望向觀眾時，腦中會萌生哪些崇高的想法。拉赫曼尼諾夫說：「我在數有幾個人來聽音樂會。」

假如牛津大學的學生念書能**領錢**的話，我可能已經締造卓越的學術成就、成為欽定現代史教授了。我是直到在麥迪遜大道嘗到財富的滋味後，才開始積極工作的。

在現代商業界，除非能把自己創造的東西**賣出去**，不然你的思維再怎麼原創、有創意也是白搭。要是沒有請優秀的銷售員來介紹你的創意想法，就不能期待領導階層會接受這是個好點子。在麥迪遜大道的這十四年，我只有過一個賣不出去的好點子。（我希望國際紙業〔International Paper〕開放約三百一十八億坪的林地，供社會大眾露營、釣魚、狩獵、健行和賞鳥。我說這個令人崇敬的決定，就跟卡內基圖書館以及洛克菲勒基金會一樣，是歷史上極為慷慨的義舉。這是個好點子，但我沒辦法成功說服他們。）

寧為地獄王，不做天堂臣？

最後，就我觀察，無論是研究實驗室、雜誌社、巴黎酒店還是廣告公司，**要是領導者不夠傑出優秀**，任何創意機構都無法端出好的作品。卡文迪許實驗室之所以如此傑出，是因為有拉塞福的領導；《紐約客》雜誌之所以備受讚譽，是因為有哈羅德．羅斯（Harold Ross）；壯麗酒店之所以賓客絡繹不絕，是因為有皮塔先生。

但不是每個人都能享受跟在大師旁邊工作。由於隸屬於他人的想法深深困擾著他們，最後他們決定：

就算身處地獄，當個主宰依然值得追求；
寧願在地獄當老大，也不要在天堂當小弟。

所以有些人會離開我公司，後來才發現自己已經遠離天堂。就有一位這樣的可憐傢伙，在離開我公司幾星期後來信表示：「離開你公司時，我覺得自己可能會難過，但我感受到的實際上是痛苦與懊惱。我這輩子沒有這麼失落過。我想，這就是曾經有幸在菁英身邊服務必須付出的代價吧。環顧身邊，菁英實在少之又少。」

而優秀人才離職時，他的親朋好友都會納悶，一般也會猜想公司是不是對他不好。最近我想出一個避免這種誤解的方式。一位年輕的首席文案跳槽到另一家公司當副董事長時，我們以內閣部長向總理辭職的規格，對彼此寫信，通信內容也印在員工刊物裡。這位親愛的叛逃者向我寫道：

> 我今天成為一位廣告人，都是你一手打造的。你創造了我，教會我許多我不懂的事。你之前曾說，應該向我收這些年來的指導學費，這我完全同意。

我也善意回覆：

在短短十一年間，看你從新人寫手爬到首席文案，這實在是一段很棒的經歷。你已經是奧美最優秀的其中一位廣告創作者了。

你認真工作、行動有效率。你的精力與韌性，讓你在面對首席文案需迎擊的困難與障礙時，得以維持冷靜、愉悅，大家都被你的好心情感染。

另一方面，偉大的創意人士性格通常很強烈鮮明。他們是不好相處的自我中心者，這種人在現代企業並不受歡迎。看邱吉爾就知道了。他喝酒無極限，還很任性倔強。而且遭到反對時會暴怒，面對笨蛋也很粗魯無禮。他非常放肆狂妄，稍微受到挑釁就會激動落淚。他的談吐低俗粗野，對下屬也很不體貼。但他的參謀總長艾倫布魯克勛爵（Lord Alanbrooke）卻這樣描述他：

回顧與他共事的那段歲月，大概是我人生中最艱困難熬的時光。但我感謝上帝，讓我有機會在這樣一位大人物身邊工作，使我得以開眼界，知道世上還是有這樣一位超人存在。

第 2 章

客戶，
其實比你想像中好找

十五年前，我是賓州一位無名的菸草農民。今天，我主掌全美最頂尖的廣告公司，年營業額高達五千五百萬美元，每年總共要發出五百萬美元的薪資，並在紐約、芝加哥、洛杉磯、舊金山與多倫多設有辦公室。

這一切是怎麼發生的？正如我的阿米什友人所說，這「真是太神奇了」。

一九四八年掛牌營業那天，我發表以下營運聲明：

> 這是一家新成立的廣告公司，正在力求生存。在某段時間內，大家得超時工作、領低於水平的工資。
>
> 在聘用人才方面，我們會著重於招攬**青年才俊**……我們想要找青澀的新人。我不用逢迎諂媚、愛拍馬屁的人。我要找的是有腦的紳士。
>
> 而公司規模取決於我們打拼的程度。現在公司剛起步、資金非常少，但我們要在一九六〇年前成為一家大公司。

隔天我列了一張清單，上頭寫出我最想獲得的五位客戶：通用食品公司（General Foods Corporation）、必治妥施貴寶（Bristol-Myers Squibb）、金寶湯公司（Campbell Soup Company）、利華兄弟（Lever Brothers）以及殼牌。[1]

以前，這種大規模的廣告客戶確實有可能與潛力無窮的小廣告公司合作。有間大型廣告公司在爭取替駱駝牌香菸做廣告時，承諾會派出**三十位**文案寫手，但精明謹慎的雷諾茲（R. J. Reynolds）說：「派一位夠好的就可以了吧？」後來，他把這份案子派給年輕文案寫手比爾・埃斯蒂（Bill Esty），而他的公司持續擔任駱駝牌的廣告代理商長達二十八年。

一九三七年，沃爾特・克萊斯勒（Walter Chrysler）將普利茅斯汽車（Plymouth）的廣告交給斯特林・格徹（Sterling Getchel），格徹當時年

---

1 鎖定這些信譽優良的大公司為目標實在是瘋了，但這五家公司現在都是奧美的客戶。

僅三十二歲。一九四〇年，埃德・列特爾（Ed Little）將高露潔的多數廣告，交給廣告界的黑馬泰德・貝茲（Ted Bates）負責。通用食品與揚雅（Young & Rubicam）合作時，這家廣告公司才剛成立一年。揚雅的其中一位創辦人約翰・奧爾・楊（John Orr Young）退休後寫了以下這段文字，給正在尋找廣告代理商的業主參考：

> 如果你運氣夠好，找到具有過人精力與膽識、能替自己開創事業的年輕人，並且與這種難能可貴的人才合作，肯定能獲得不可估量的益處和利潤。

我們很容易被大型廣告公司的規模與組織所迷惑，但真正的關鍵還是該公司的真正**原動力**，也就是**創意潛能**。

許多廣告之所以能一炮而紅，都是因為業主願意與正在建立信譽的廣告公司合作，這些年輕廣告公司蘊含強大的動機、野心及能量。

這些大型廣告業主在市場價格上漲時，試圖在廣告代理商還在苦幹打拼、尚未大肆「撈油」之前，購買他們的廣告代理服務。[2]

我進入廣告界時，大型廣告業主在選擇代理商上已變得很謹慎小心。時局對大規模廣告公司比較有利。一九一六年起率領智威湯遜的史丹利・雷索（Stanley Resor）曾警告我：「產業集中合併成數家大企業的現象，也反映在廣告產業上。大型廣告業主目前所需的各式服務，只有大型廣告公司給得起。你就別再痴心妄想，加入智威湯遜吧！」

2 John Orr Young, *Adventures in Advertising*, Harper, 1948.

吸引客戶的「邪惡」策略

針對那些正在尋求第一批客戶的新廣告公司，我提供一套公司草創初期曾發揮神效的策略。當時，我會請潛在廣告客戶思考典型廣告公司的生命週期，想像那套從崛起到衰落、從動力十足到衰頹的必然走勢：

每隔幾年就會出現優質的新廣告公司。這樣的公司滿懷抱負、能幹肯做、充滿活力。他們把客戶從老邁的廣告公司手中搶過來，表現也很出色。

幾年過去，公司創辦人生活變得富裕優渥，也開始累了。他們的創意之火慢慢熄滅，成為死火山。

這些公司會繼續茁壯，他們最一開始的動力還沒有被消耗殆盡，也依然保有強大的人脈網絡。但這種公司規模變得過於龐大，他們按照以往的成功模式，做出枯燥乏味、陳腔濫調的廣告。大樹開始腐爛衰敗。他們的營運重點逐漸轉向提供枝微末節的服務，藉此掩飾公司缺乏創造力的事實。在這個階段，他們開始流失客戶。老客戶都被那些生氣蓬勃的新廣告公司吸走，這些意志堅定的新創廣告代理商生命力旺盛、勤奮耐操，而且都用盡全力來創作。

我們其實都說得出有哪些知名廣告公司正奄奄一息。早在客戶發現真相之前，你就能在他們公司內部的走廊，聽見令人沮喪的低語。

說到這裡，我都能看出潛在客戶試圖掩飾我一針見血的事實。我說的該不會就是**他**聘用的那奄奄一息的廣告公司吧？

十四年後的今天，這套話術的邪惡指數仍令我咋舌。我那學者風度翩翩的舅舅漢弗里·羅勒斯頓爵士（Sir Humphry Rolleston）曾這樣描述醫生：「他們要先**搶出頭**，之後獲得**功名聲譽**，最後才會**變得誠實**。」我現在正往誠實的階段邁進，整個人忠厚老實到不行。不過在我戶頭空空如也的時期，狀況可是截然不同。正如劇作家威廉・吉爾伯特（William S. Gilbert）筆下的海盜王所說：

征戰掠奪時，
我秉持莊嚴的皇家風範。
確實，作為一位有教養的君主，
我擊沉的船隻數目是多了些。
但任何一位鼎盛強國的君王，
如果想穩坐王位，
手段就不得不比**我**更骯髒齷齪。

亨利・福特（Henry Ford）曾建議經銷商要「親自拜訪以招攬客

戶」。我參考他的意見，開始招攬那些完全不聘用廣告代理商的業主，因為我發現自己沒有本錢跟那些客戶正在合作的廣告公司競爭。我的第一個目標是 Wedgwood 瓷器，他們每年的廣告費大約是四萬美元。韋奇伍德先生與廣告部門的女經理很客氣地接待我。

「我們不喜歡廣告公司。」她說：「廣告公司只會惹麻煩。所以我們都自己做廣告。你覺得我們的廣告有哪裡不好嗎？」

「完全沒有。」我回道：「我非常喜歡貴公司的廣告。但如果您讓我替您買版面，雜誌就會付我佣金。您不必多花錢，我也保證不會再來叨擾您。」

漢斯雷．韋奇伍德（Hensleigh Wedgwood）非常親切，隔天一早他就寫了一封正式指定我來代理他們廣告的信。我也用電報回覆：「我必當全力以赴，出動所有資源與人才替您服務。」我們就這樣開始合作。

從六千美元起家

不過，我公司的資本額只有六千美元，在拿到第一筆佣金前，這個數字很難讓公司平穩經營下去。幸運的是，我哥當時是美瑟克勞瑟（Mather & Crowther Ltd.）的常務董事，這是一家非常有名望的倫敦廣告公司。他說服合夥人替我擴充資本，還讓我借用他們的名字，成功解救了我。老友鮑比・貝文（Bobby Bevan）也伸出援手，他任職於另一家英國廣告公司本森（S. H. Benson Ltd.）。法蘭西斯・梅內爾爵士（Sir Francis Meynell）則成功讓斯塔福・克里普斯爵士（Sir Stafford Cripps）批准跨大西洋的投資。

鮑比與法蘭西斯堅持要我找一位美國人來管理公司。他們不認為自己的老鄉有辦法說服美國廠商把廣告交給他。要指望一位英國人、甚至是一位蘇格蘭人在美國廣告界出人頭地，這實在是個荒謬的念頭。英國人的天才思維中不包含廣告。確實，英國人厭惡廣告這個概念。一八四八年，《Punch》雜誌就這麼說：「就算英國變成商人之國也無妨，但沒必要人人都刊登廣告。」在目前仍活著的五千五百位爵士、男爵以及貴族中，只有**一位**是廣告代理商。

（相較之下，廣告業與廣告從業人員在美國就沒背負如此明顯的偏見。寶僑的前任廣告經理尼爾．麥可羅伊〔Neil McElroy〕成為艾森豪政府的國防部長。切斯特．鮑爾斯〔Chester Bowles〕在麥迪遜大道闖蕩一番後，成為康乃狄克州州長、駐印度大使以及國務次卿。不過就連在美國，也很少會有廣告人被任命為政府高官。這實在很可惜，因為比起那些較受歡迎的律師、教授、銀行家跟新聞從業人員，廣告人更有才幹。資深廣告人能明辨問題與機會，懂得設立短期與長期目標，也擅長評估結果，更能領導大批行政官員。而向委員會報告時，資深廣告人也能提出清楚的論述，並且可以在預算限制下發揮最大績效。觀察廣告產業中比我資深、優秀的廣告人，我發現許多同行都比法律、教育、銀行或新聞產業裡的人更客觀、更有條理、更有活力，也更勤奮認真。）

對於有資格領導廣告代理商的美國主管來說，我能給的非常少。不過，經過幾個月的篩選評估，我請安德森・休伊特（Anderson Hewitt）辭掉智威湯遜的芝加哥部門主管一職，到我的公司來當老闆。

他整個人能量滿滿，面對政商名流完全不會退卻，而且還認識一些影響力大到令我羨慕不已的朋友。

短短一年內，休伊特就爭取到了兩家非常重要的客戶。在首席文案約翰・拉法基（John La Farge）的協助下，他得到太陽石油公司（Sunoco）的廣告代理權。三個月後，在他岳父亞瑟・佩奇（Arthur Page）的引薦下，大通銀行（Chase Bank）也與我們合作。公司資金短缺時，休伊特說服摩根公司（J. P. Morgan & Company）貸十萬美元給我們。他的叔叔萊芬威爾（Leffingwell）當時是摩根的董事長，而除了他的信任，銀行並沒有要我們提供任何抵押品。

唉，我跟休伊特的合作關係不怎麼愉快。我們努力在員工面前隱瞞彼此的差異與不合。但父母關係不睦，小孩一定會有感覺。在公司業務急速增長的壓力催化下，我們之間的裂痕也越來越深。經過四年，公司分裂成兩派。在所有相關人士都經歷了一番陣痛期後，休伊特辭去職位，我成為公司的老闆。讓我感到安慰的是，他後來在其他廣告公司成就非凡，完全沒有被難以忍受的合夥人拖累。

公司剛成立時，我們要與三千多家廣告代理商競爭。我們的第一個任務就是打響名號，這樣潛在客戶就會將我們納入考量。我們在這方面的成就來得比我預期還快。我想稍微描述一下我們是如何辦到的，這或許對其他廣告界的冒險家有些幫助。

首先，我邀請十位廣告媒體的記者共進午餐，向他們描述自己想從零建立起一間大規模廣告公司的遠大抱負。自那時起，他們給我許多珍貴的創業訣竅，而我發給他們的每則新聞稿，即便再瑣碎無聊，他們還是會刊登出來。真是多虧他們了。廣告人羅瑟．里夫斯（Rosser Reeves）就曾抗議說，竟然連公司員工去上廁所的新聞，也會登在廣告業刊物中。

再來，我遵照公共關係學家愛德華．伯內斯（Edward L. Bernays）的建議，一年內不舉辦超過兩次講座。每次演講，我都預期會在麥迪遜大道引起極大騷動。而第一場講座辦給了藝術總監俱樂部（Art Directors Club），我在講座中將自己關於廣告平面設計的知識，全部傳授給他們。回家前，我發給現場每一位美術總監一份蠟紙油印稿，上頭印了設計精美版面的三十九條規則。這些歷史悠久的規則至今仍在麥迪遜大道上流傳。

在第二場演講中，我批評大專院校開設的廣告課程，認為這些課程根本沒什麼用，還表示願意出資一萬美元，來成立一所能頒發從業許可證給學生的廣告學院。這個愚蠢的提議躍上報紙頭條。不久後，廣告業的媒體就開始要我針對各種時事議題發表評論。我總是直言不諱，而這些話也時常被人引用。

第三，我跟研究人員、公關顧問、管理工程師以及版面銷售人員交朋友，而這些人在工作上都跟大型廣告業主有往來。對他們來說，我可能會成為他們未來的業務來源，但我其實也向他們宣傳了自己公司的優點。

第四點，我常把公司的進展報告發送給六百名來自各行各業的人。基本上，最大規模的知名廣告業主都讀了這一連串的直郵廣告。比方說，我試著爭取西格集團（Seagram）的廣告時，總裁塞繆爾・布朗夫曼（Samuel Bronfman）向我重述，我在不久前寄給他的一篇十六頁演講稿的最後兩段。最後，他決定雇用我們。

獵取客戶競賽

親愛的讀者，如果前述自我行銷的自白嚇到你們了，我只能說：假如我採取比較正規專業的方式，可能得花二十年的時間才能爬到現在這個位置。我沒有時間跟錢能等這麼久。我沒錢、沒名，而且還很急。

同時，我每天從清晨忙到深夜、每週工作六天，替雇用我們這間新成立公司的客戶製作廣告，其中有些還已經成為廣告史上的經典名作。

起先，我們對客戶根本來者不拒，玩具烏龜、專利梳子，還有英國摩托車等產品我們都做過。不過，我總是把目標放在我列出的那五大重量級客戶身上。我利用微薄的利潤來將公司打造成，我認為能吸引大客戶注意的廣告代理商。

我總是會讓潛在客戶看看，讓他們知道其他客戶拋下老牌廣告公司轉而跟奧美合作後，業績有何等驚人的翻轉：「在每個案子當中，我們都開闢新的道路，銷售量也都**直線上升**。」但我在講這些話時都會忍不住笑出來。當時，如果一家公司的銷售額在前二十一年內沒有成長至少六倍的話，成長率就算低於平均。

一九四五年，有些十分平庸的廣告公司運氣很好，能夠長期與非常普通的客戶合作。他們只要坐穩、繫緊安全帶，等著被起飛的經濟帶到最高峰就行了。在每間公司的銷售額都不斷翻漲時，廣告公司必須要有卓越超群的能力才能找到客戶。但在景氣蕭條時，暮氣沉沉的公司會被淘汰，有活力的新廣告公司才有出頭的一天。

而爭取第一位客戶是最難的，因為這個時候廣告公司還沒有經歷與資格，也沒有成功的紀錄或名聲。這個時候不妨賭一把，對潛在客戶的業務做些試驗調查，通常會有不錯的成效。之後，把調查結果提供給業主看的時候，多數人都會對你產生好奇。

赫蓮娜·魯賓斯坦（Helena Rubinstein）是我這個方法的白老鼠。在過去的二十五年，她總共換過十七家廣告公司。當時幫她做廣告的，是她小兒子赫拉斯·泰特思（Horace Titus）的廣告公司。然而，我們進行的試探性研究顯示，他做的廣告沒有效。

魯賓斯坦夫人對我們的研究結果興趣缺缺，但在我提出幾份以研究結果為基礎所做的廣告時，她就開始有點反應了。我把老婆在魯賓斯坦沙龍接受美容療程的前後對比照拿出來，她對這份廣告也特別有興趣，還說：「我覺得你老婆在美容前比較好看。」

出乎我意料的是，泰特思把他母親的廣告從其公司轉出來給我。魯賓斯坦夫人也同意了。泰特思後來跟我成了朋友，友誼一直維持到八年後他離世。

一九五八年，紐澤西標準石油（Standard Oil）把我們找去，想知道如果請我們幫忙做廣告，我們會端出什麼作品。十天後，我們總共提交十四種不同的廣告提案，最後成功跟他們合作。除了運氣之外，多產以及勤奮工作是贏得業務的最佳利器。

我們花了三萬美元，替頭痛藥布羅莫—塞爾策（Bromo-Seltzer）做了一份試探性簡報。這份提案是根據一項非常中肯的論點，即頭痛在多數情況下是心理壓力所致。但布羅莫—塞爾策當時的廣告經理萊莫恩・比林斯（LeMoyne Billings）比較喜歡萊能紐威爾廣告公司（Lennen & Newell）的提案。

如今，我們已經沒有時間跟胃口來做這種試探性提案了。相反的，我們現在會跟潛在客戶描述我們替其他業主做了什麼、解釋我們的政策，向他們介紹公司各部門的主管。我們向潛在客戶呈現自己最真實的樣貌，完全不遮醜。如果潛在客戶喜歡我們，就會跟我們合作；假如不喜歡，那不合作對我們也比較好。

比方說，荷蘭皇家航空（KLM）決定換廣告公司時，邀請奧美與另外四家公司提出提案。他們率先約談視察的就是我們。會議一開始我就說：「我們什麼也沒準備。我們倒想聽聽你們公司目前有什麼問題。之後你可以跟另外四家廣告公司見面。他們都為這次競爭提出廣告提案。如果你有中意的，就很好選了。要是他們的廣告你都看不上，再回來跟我們合作吧。我們會先展開研究，這是奧美的規矩：先研究再準備廣告方案。」

荷蘭人接受這個冷酷的建議。五天後，他們看完其他廣告公司提出的廣告方案，決定回過頭來跟我們合作。我真的非常高興。

不過這不能一概而論。針對某些情況，準備試探性提案絕對值回票價。紐澤西標準石油跟魯賓斯坦夫人就是最佳例證。但有時候，拒絕這項要求反而比較有利，跟荷蘭皇家航空的合作就印證這點。在新業務中，最成功的廣告公司，就是那些企業高層對潛在客戶的心理特徵有最細微觀察的公司。死板僵硬和推銷能力本來就是兩件事。

有一種策略似乎屢試不爽：對談時盡量讓潛在客戶發揮。你越專心聽，他就覺得你越聰明。有一天我去拜訪亞歷山大．柯諾夫（Alexander Konoff），這位年紀已經不小的俄羅斯人靠生產拉鍊賺了大錢。他帶我參觀了紐瓦克的工廠（Newwark；工廠的每個部門都用約一．八公尺長的屍體袋拉鍊裝飾），之後我就跟他搭著有司機駕駛的凱迪拉克轎車回紐約。

我注意到他手中拿著一本《新共和》（*The New Republic*），很少有客戶會讀這種雜誌。

「你是民主黨還是共和黨？」我問。

「我是社會主義者，我很積極參與俄國革命。」

我問他是否認識亞歷山大・克倫斯基。（Alexander Kerensky，按：克倫斯基是俄國革命家，曾領導二月革命推翻沙皇，並任總理職。但掌政時政策遭列寧、托洛斯基等人反對，也造成十月革命的爆發。）

「不是**那個**革命。」柯諾夫輕蔑地說：「是一九〇四年的革命。那個時候我還小，會赤腳在雪地裡走八公里的路，到一家香菸工廠上班。我的真名是卡岡諾維奇（Kaganovitch）。聯邦調查局以為我跟政治局的卡岡諾維奇有關係，他們搞錯了。」他高聲狂笑：「剛到美國時，我在匹茲堡當機械技師，每小時賺五十美分。我老婆是刺繡工，每週能賺十四美元，但從來都沒領到工錢。」

這位驕傲的老社會主義百萬富翁接著跟我說，在列寧與托洛斯基的流亡時期，他跟他們很熟。我靜靜地聽，結果成功贏得這位客戶。

沉默可能是無價之寶。不久前，Ampex 的廣告經理來拜訪我，他當時正在物色新的廣告代理商。那天中餐我吃得極飽，飽到連說話的力氣也沒有。我只能揮手示意，請這位潛在客戶坐下，並以探問的眼神看著他。他一講就是一個小時，我完全沒有開口打岔。我看得出來自己的深思熟慮令他印象深刻。畢竟，能在這種場合沉默寡言的廣告代理商並不多。接著他問我一個問題，把我給嚇壞了。他問我有沒有**使用過** Ampex 唱片機。我搖搖頭，飽到無法開口說話。

「好，我想讓你在家聽聽看我們的唱片機。我們有各種款式，請問你家的裝潢是什麼風格？」

我聳聳肩，還是不敢開口。

「現代風？」

我搖搖頭，雙唇緊閉。

「早期美式？」

我又搖搖頭，靜水流深。

「十八世紀風格？」

我沉思地點了點頭，但還是不發一語。一週後，Ampex 唱片機抵達我家。這套音響設備高級豪華，但我的合夥人認為這個案子太小、無利可圖，我只得向客戶說不。

一旦爭取到客戶，對待客戶的案子時就絕對不能掉以輕心。畢竟，你在花的是別人的錢，他們公司的命運往往也掌握在你手中。不過，我將獵取新的客戶視為一種**競賽**……如果你太緊繃認真，就會死於潰瘍。相反的，要是能在比賽時抱持輕鬆、但熱情的態度，就算輸了也不會睡不著覺。比賽的目的當然是要贏，但還是要享受過程中的樂趣。

我年輕時在倫敦的理想家庭博覽會（Ideal Homes Exhibition）上賣廚

房爐具。每賣一組，就要針對不同顧客的風格來想出量身打造的推銷詞，每次都得花上我四十分鐘。問題是，我要從茫茫人海中找出買得起這套爐具的客人，畢竟四百美元也不是人人都花得起。我練就一套在人群中**嗅出**有財力顧客的能力。他們都抽土耳其香菸，這是貴族名流的象徵，就像伊頓校友的領帶一樣。

後面幾年，我也培養出類似的技巧，能在群眾中嗅聞出大廣告客戶。有一次，我去參加蘇格蘭人協會的紐約午餐會。會後我有預感，其中有四個初識之人會成為我的客戶。後來果真如此。

從廣告爭取戰，逆勢突圍

我爭取到的最大客戶是殼牌石油。殼牌石油的人很愛我們幫勞斯萊斯做的廣告，就把我們列入考慮合作的廣告公司清單中。他們向名單中的每家公司發了一份又長又詳細的問卷。

我剛好很痛恨這種用調查問卷來選廣告公司的手法，也曾將數十份問卷扔進垃圾桶。一家叫施塔爾—邁爾（Stahl-Meyer）的公司將問卷寄給我的時候，我還反問：「施塔爾—邁爾是誰？」但是面對殼牌石油的問卷，我可是徹夜未眠地草擬回覆。我的回答比平常更坦率直言，但我心想如果能將這份問卷交給殼牌石油的總裁馬克思·伯恩斯（Max Burns，他也是紐約愛樂〔New York Philharmonic〕的董事之一），肯定能在他心中留下好印象。隔天一早，我得知他人已經到了英國，我也飛到倫敦、在他的飯店留話，表明想見他一面。但連續十天我都沒收到回覆。就在我幾乎要放棄時，電話接線員告訴我伯恩斯先生邀我隔天與他共進午餐。當時我已經約好跟蘇格蘭國務大臣一起吃中餐，就發了以下訊息給伯恩斯：

> 奧格威先生將在下議院與蘇格蘭國務大臣共進午餐。若您能加入，他

們會非常高興。

在前往下議院的路上，天空下著傾盆大雨，我跟他共撐一把雨傘，簡單向他陳述自己在調查問卷裡寫的東西。隔天回到紐約，他介紹我跟殼牌石油的總裁接班人見面，那人就是了不起的門羅・施帕特博士（Dr. Monroe Spaght）。三週後，施帕特致電跟我說，殼牌決定將廣告業務交給我們。聽到這個重大的消息，我整個人驚呆了、無法保持以往沉著冷靜的姿態。除了「天助我也！」我什麼也說不出來。

接受殼牌石油委任之後，我們不得不跟紐澤西標準石油解約。我很喜歡紐澤西標準石油的工作團隊，對於我們成功說服他們贊助《每週劇本》（*Play of the Week*）這個優秀的電視節目，我感到非常自豪。製作人大衛・薩斯金（David Susskind）在《生活》（*Life*）雜誌上說：「假如國會要頒發商業榮譽勛章，這個贊助商就該得獎。」但大家都不曉得，為了讓紐澤西標準石油得到贊助該節目的資格，我不得不從自己拿到的佣金中，抽出一五％來給羅瑞拉德（Lorillard），這家公司是 Old Gold 跟 Kent 香菸的製造商。羅瑞拉德早就在那個短命的節目中預訂了廣告時段，只有在我答應把我的佣金（每週六千美元）給他們，他們才同意挪出時段給紐澤西標準石油。但紐澤西標準石油拒絕補償我的損失，這點讓我很失望。沒有任何廣告公司有本事做這種沒報酬的事，所以我轉而跟殼牌合作。

爭取新業務時，我也出過很慘的洋相。有一次我跟英國旅遊假期協會（British Travel & Holidays Association）的負責人亞歷山大・麥斯威爾爵士（Sir Alexander H. Maxwell）碰面，當時奧美急需新客戶。但他一開始就無情地說：「我們的廣告很好，好得沒話說。我完全沒有要換廣告公司的意思。」

我回他：「亨利八世奄奄一息時，大家都以為要是有人敢把可怕的真相告訴他，絕對會被斬首。但基於國家因素，必須有一個志願者出面說真話，所以亨利・丹尼（Henry Denny）挺身而出。亨利八世感謝丹尼有勇氣說實話，就賜給他一雙手套、封他為爵士。丹尼是我的先驅。我要以他為榜樣，告訴你實話：**你的廣告做得非常糟。**」

麥斯威爾氣瘋了，再也沒有跟我說過話。但不久後，他就把英國旅遊的廣告業務交給我們負責，前提是我不准插手。多年來，我的合夥人不得不隱瞞我其實也參與廣告製作的事實。我們的廣告非常成功，從美國到英國旅遊的人次在十年內翻為四倍。現在，除了義大利之外，英國在旅遊方面的收入贏過其他歐洲國家。《經濟學人》說：「對於一個潮濕的小島來說，這是相當驚人的成就。」

麥斯威爾爵士適時退休，我也不必繼續躲在幕後了。接替他的位置的是馬貝恩勛爵（Lord Mabane），他之前是內閣大臣。我造訪英國時，他會派自己的車接我到他住的萊伊鎮（Rye），他的房子就是作家亨利・詹姆斯（Henry James）的故居。有一次，他的司機問我的美國太太要不要嚼他的口香糖（gum）[3]，著實把我太太給嚇到了。

英國客戶雇用的傭人都相當古怪。當時，我跟太太住在勞斯萊斯位於德比附近的招待所。在某個炎熱夏天的早晨，招待所的管家沒敲門，就逕自走進我們的臥室。我太太還在床上熟睡，管家卻直接把他那張月亮般的大臉湊到我太太耳邊，大喊：「夫人，您要煎蛋還是水波蛋？」

而我們爭取阿姆斯壯軟木公司（Armstrong Cork）廣告代理權的過程也相當奇妙。起先，我受邀跟他們公司的廣告經理麥斯・班札夫（Max Banzhaf）共進午餐，地點在他位於賓州蘭卡斯特（Lancaster）的高爾夫球俱樂部。從我們的餐桌看過去就是第十八洞，而一連兩小時，班札夫都在跟我聊高爾夫球的故事。他對廣告代理商的評價，似乎取決於對方打高爾夫球的能力。我跟他一樣愛高爾夫嗎？

---

3 一種由朗特里（Rowntree）生產的糖果。

我此生從來沒去過高爾夫球場，但要是坦白以對，我就會錯失爭取到這個客戶的機會。所以我含糊帶過，讓他以為我是沒有時間打高爾夫。班札夫提議我們不如現場打一輪。我又找藉口說我沒帶球桿。

「我的借你！」

後來我又說自己有點消化不良，這次他就和氣地接受了。道別前，他說要把代理權給奧美不是問題，唯一的障礙是他公司的董事長亨寧・普倫提斯（Henning Prentis），是布魯斯・巴頓（Bruce Barton）一輩子的至交。而巴頓的公司已經壟斷阿姆斯壯軟木的廣告長達四十年。

幸運之神在隔天降臨。當時，多尼戈協會（Donegal Society）邀我到他們的年度聚會上演講，那場活動辦在美國一座最古老的長老教會。我會站在講壇上演講，而普倫提斯先生也會來參與集會。演講日訂在六月二十三日，那是一個意義非凡的仲夏之日，因為我祖父、我父親跟我都是在那天出生。[4]我的演講主題是我的同胞在建設美國中扮演的角色，但我沒有

直接提及麥迪遜大道上的那個蘇格蘭人。

愛默生與湯瑪斯．卡萊爾（Thomas Carlyle）在蘇格蘭鄉間散步。愛默生看到厄克非肯（Ecclefechan）一帶貧瘠的土壤，就問卡萊爾：「在這樣的土地上，能養育出什麼呢？」

卡萊爾回道：「我們養育**人**。」

在這貧瘠的蘇格蘭土地上，他們能養育出什麼品行的人？那些人來到美國以後，又是什麼樣子？

他們勤勞能幹。從小到大，我爸不時用他最愛的一句諺語提醒我：「勤奮努力不會要了你的命。」

美國開國元勛派翠克．亨利（Patrick Henry）是蘇格蘭裔，海軍英雄

4 我父親曾跟我開過一百比一的賭盤，賭我沒辦法延續我們家這個了不起的傳統。我目前還沒推翻他的賭注。

約翰・保羅・瓊斯（John Paul Jones）是蘇格蘭園丁之子。艾倫・平克頓（Allan Pinkerton）來自蘇格蘭，後來成立私人偵探事務所。而揭露一八六一年二月第一場暗殺林肯陰謀的人，就是平克頓。

美國最高法院有三十五人是蘇格蘭人。企業家更是不勝枚舉，其中包含一位對你們蘭卡斯特的繁榮與文化貢獻頗多的企業家，那就是阿姆斯壯軟木公司的亨寧・普倫提斯。

站在講壇上的我，能清楚觀察普倫提斯對最後一句話的反應。他看起來並沒有被冒犯。幾週後，他也同意將阿姆斯壯的部分廣告業務轉移給我們。

在招攬新客戶的經驗中，競爭對手最多的一次，是面對美國旅遊服務社（United States Travel Service）。有超過一百三十七家廣告公司都要爭奪這個客戶。但由於我們替英國與波多黎各做的廣告極為成功，所以特別有資格替美國打廣告、讓世界知道美國是很棒的旅遊勝地。我迫不急待想用自己對美國的熱情，來感染其他歐洲同胞。我這輩子都在幫牙膏和人造奶油打廣告，如果能換個方向、替美國打廣告，那有多麼美好啊。

角逐這次資格的許多廣告公司都有政治勢力可以依靠，奧美卻沒有。不過，我們還是擠進最後決選的六家公司當中，受邀到華盛頓去提案。商務部助理部長威廉．魯德（William Ruder，他本人也住在麥迪遜大道上）無情地盤問我，讓我暴露出自己的缺點：我在國外沒有分公司。

做過一百多場新業務提案的我，已經能在會議結束時，判斷自己是成還是敗。那天下午我知道沒希望了，絕望地回到紐約。十天過去，他們還沒宣布結果。同事、員工都來安慰我，我們也打賭是哪個競爭對手會勝出。後來，在一個星期六上午，我被西聯的電報吵醒：商務部決定聘用奧美公司，負責做「歡迎蒞臨美國」（Visit U.S.A.）在英國、法國和德國的廣告。

自從三十年前，牛津大學發電報通知我獲得基督堂學院的獎學金後，這是我接到最光榮的一封電報了。我替美國旅遊服務社寫的每一份廣告，都可以說是一位心懷感激移民的感謝信。

廣告發布前，我提醒商務部，廣告一定會招來批評：

> 發布第一則廣告後，一定會碰到一些難關與挑戰。**不管**廣告說了或沒說什麼，我們都會成為批判的對象。根據我替英國做旅遊廣告的長期經驗，這件事是必然的。
>
> 但說到底，我們的廣告到底是成功還是失敗，只能從**結果**來判斷。

研究顯示，美國旅遊唯一的大型障礙，是歐洲人把造訪美國的開銷成本想得太高。我們決定正面迎擊這個問題。與其輕描淡寫、不著痕跡地說你們可以用「比預期還要少的錢」來美國旅遊，我們提出具體數字：每週三十五英鎊。這個數字是我們仔細考察比對而來的。比方說，在決定紐約旅館一晚的最低合理房價是多少之前，我們派了一位文案寫手去溫斯洛旅館（Hotel Winslow）調查床位與房價，得知每晚是六塊美元。她認為旅館的品質與房價頗令人滿意。

但批評者認為一週三十五英鎊太低了。他們並沒有意識到問題的現實面：

- 以前從歐洲到美國旅遊的人，都是能跟公司報帳的商人，或是非常富裕的遊客。現在我們必須吸引中間層級的遊客來擴大市場。美國金庫的黃金正在外流，我們急需外匯。
- 美國有半數以上的家戶收入超過五千美元，但是英國只有百分之三的家庭收入在這個水平。所以，我們必須盡可能壓低產品的價格。不過，如果他們想要多花點錢那也無妨。

• 我認為比起完全不要造訪美國，讓中等收入的歐洲人以比較簡樸的方式來旅遊更好。跟紐約、舊金山，以及遼闊幅員景致帶來的衝擊與刺激相比，省一點錢所造成的麻煩與艱苦根本算不了什麼。外國旅客能帶入我們急需的外匯，研究也顯示這些旅客回國後，對美國的印象更好了。

我們的廣告出現在歐洲報紙上時，讀者數量多到破紀錄，美國旅遊服務社於倫敦、巴黎與法蘭克福的辦事處得接待大量民眾諮詢，忙到必須加班至深夜。

報章雜誌也大幅宣傳我們的廣告，這在廣告史上大概史無前例。《每日郵報》（*Daily Mail*）派報社名聲最響亮的專題記者來美國。在他的第一封電報中，他寫道：

在甘迺迪總統邀請我、以及數百萬名歐洲人到美國，來享受新奇的旅遊體驗時，他也向一億八千萬名美國人發出祕密指令，要求他們好好接待我們。如果不是他下達命令，美國人又怎會慷慨大方到讓我們不好意思，怎麼可能如此親切友善、這麼般勤有禮呢？

《每日快報》（*Daily Express*）請駐紐約的記者針對這個主題寫一系列報導。《曼徹斯特衛報》（*The Manchester Guardian*）說我們的廣告很「出名」，但當時我們還只刊出其中三則而已。德國的重要金融報紙《商報》（*Handelsblatt*）則寫：「這是一場非常**真實**的宣傳活動。美國旅遊服務社熱烈喧鬧地將他們的廣告，引進西德旅遊市場。」

空談不如實證。展開廣告宣傳活動的八個月後，從法國到美國旅遊的人增加了二七％，英國成長了二四％，德國則增加了一八％。

另類的業務之旅

一九五六年，我參與一場很另類的業務之旅，那就是跟另一家廣告公司合作爭取客戶。班．索恩伯格（Ben Sonnenberg）說服葛瑞廣告公司（Grey）的亞瑟．費特（Arthur Fatt）跟我，聯手負責灰狗巴士（Greyhound Bus）的廣告業務。他還明確指出要我「提升巴士旅遊的形象」，並請葛瑞「吸引更多乘客搭乘巴士」。

有一回，灰狗巴士的人在舊金山舉辦大會，我跟費特就一起飛到那裡。我們一入住旅館，費特就讓我看他做的簡報。他公司的調查部門直搗問題核心，文案寫手也寫出一句正中紅心的廣告標語：開車交給我們，旅客輕鬆搭乘。

我毫不猶豫地用房間裡面的電話，打給灰狗巴士的廣告經理，約他到費特的房間跟我們碰面。

「費特剛才把他負責的那一部分給我看了，那是我看過最好的廣告文案。我建議你把所有廣告代理權都給葛瑞公司。為了不要讓你糾結，我現在立刻回紐約。」

我離開房間，而葛瑞公司成為灰狗的廣告代理商。

另一方面，我一直很抗拒跟規模過大的客戶合作。畢竟，要是失去這種客戶，後果我可無法承擔。一旦跟他們合作，從幫他們做廣告的第一天就得活在恐懼之中。膽戰心驚的廣告公司是沒有勇氣給出誠懇建議的。但失去這種勇氣，就會變成阿諛奉承的僕人。

這就是我拒絕去競爭福特埃德賽爾（Edsel）汽車廣告業務的原因。我寫信給福特說：「你們的廣告預算占我公司總營業額的一半。這樣我們就很難在諮詢時保持中立。」要是我們參與競爭埃德賽爾的廣告業務，而且還獲選了，那奧美廣告公司就會跟埃德賽爾一起走下坡。

十大金律，找到對的客戶

在挑選客戶方面，我們可是用心良苦。確實，有些我們相中的客戶還沒選擇跟我們合作，但我們會努力不懈去爭取。每天，我們平均會拒絕五十九個沒那麼想合作的客戶。

很多人都不明白，市面上一流的廣告公司其實很難找。比方說，某肥皂廠商將他們的二十一間廣告代理商一一剔除，最後只有兩家符合他們的標準。

我的目標是每兩年增加一個新客戶。要是公司業務成長太快，我們就得讓未經完整培訓的新進員工投入業務。而且，我還得將許多正在替老客戶服務的優秀廣告寫手轉到新客戶那邊，請他們負責替新客戶策劃頭幾支廣告，但這是一項非常艱鉅的任務。因此，我選擇客戶時，會參考十大標準：

①我們必須對自己打廣告的產品與有榮焉。有少數幾次我們幫自己私底下很討厭的產品做廣告，但每次都失敗。律師或許能替他明知有罪的殺人犯辯護，外科醫生大概可以幫他不喜歡的人開刀。但是在廣告業，我們無法抱持這種專業上的疏離。在文案寫手寫出能讓產品大賣的文案前，他必須對這項產品抱持某種程度的信念。

②除非我相信自己的表現能大幅勝過客戶之前合作的廣告公司，不然我不會接受客戶的邀請。比方說，《紐約時報》曾請我們做廣告，但我拒絕了。因為我覺得，我們無法做出比他們現在的廣告公司還要出色的廣告。

③我會避開那些銷售量長期下滑的產品，因為這八成代表產品本身有什麼缺陷，或是公司營運管理不善。而沒有任何出色的廣告能彌補這兩大缺點。儘管新成立的廣告公司渴望能得到客戶，但也該有足夠的自我約束力來拒絕垂死的客戶。就好比有名氣的外科醫生，不

會因為偶爾有患者死在手術台上而遭到太大打擊。但剛起步的年輕外科醫生碰到這種不幸事件，就有可能斷送自己的遠大前程。我以前也怕客戶死在我們的手術台上。

④搞清楚潛在客戶是否也希望他的廣告代理商能獲利，這點非常重要。我有過非常難堪的經驗，就是幫助客戶成為百萬富翁，自己卻在服務過程中一無所有。廣告代理商現在的平均利潤是〇．五%。我們目前可說是如履薄冰，一方面不能提供客戶過度的服務、導致自己破產，另一方面也不能因為服務不周而被解約。

⑤如果客戶看起來無利可圖，那你有機會做出優秀超群的廣告嗎？我們從來就沒有從健力士（Guinness）或勞斯萊斯那邊賺到多少錢，但跟他們合作，也讓我們有寶貴的機會展示自己的高超創意。如果一家新的廣告公司想打響名號，這大概是最快速的方式。唯一風險在於，這有可能讓公司名聲變得片面偏頗。企業界都認為，如果一

家小型廣告公司有打造優秀廣告的才能，那在研究與行銷方面肯定很弱。很少人會去想，如果你用高標準來要求公司的其中一個部門，其實也會用高標準來對待其他部門。

（大家很快就在我身上貼上優秀文案寫手的標籤，誤以為我在其他方面所知甚少。這讓我非常不爽，因為我的長處根本不是寫文案，而是研究。我曾經替蓋洛普博士主持受眾研究中心。）

事實上，幾乎所有廣告公司都會碰到的最大難題，就是如何產出頂尖的好廣告。文案寫手、美術指導以及電視製作人都不難找。不過，有能力主導公司的所有創意產出（或許每年會有一百則廣告宣傳）的人卻少之又少。這種珍稀少有的人才必須有能力帶動一大群寫手以及藝術家。他們必須踏實穩當地針對各式各樣的產品做出評判。同時，也必須具備出色的提案簡報能力，還得有源源不絕的精力能夠挑燈夜戰。

廣告界傳言我就是這樣的難得人才，有好幾家大型廣告公司都認為該聘用我，就連把我的公司買過去也在所不惜。在短短三年內，我收到了智威湯遜、麥肯廣告（McCann-Erickson）、天聯廣告公司（BBDO）、李奧貝納廣告（Leo Burnett）和另外五家廣告公司的邀約。要是其中任何一家用**黃金**來引誘我，我可能就會屈服。但他們誤以為我對「創意挑戰」（姑且不論這到底是指什麼）更感興趣。

這種強調創意的偏頗名聲，會讓廣告公司失去爭取大客戶的資格。但如果真的想打響名號，就必須承擔這種風險。直到埃斯蒂・斯托維爾（Esty Stowell）在一九五七年加入奧美，大家才開始認為我們公司**所有**部門的發展都相當均衡。本頓鮑爾斯（Benton & Bowles）是業界公認在行銷方面最頂尖的公司，而斯托維爾就曾任該公司的副總經理。他是奧美不可或缺的象徵，成功消弭我只是個文案寫手的業界印象。終於能鬆一口氣的我，把創意部門以外的單位交給他負責。自那時起，我們公司的業務有大幅躍進。

⑥廠商與廣告公司之間的關係，就像醫病關係那樣親密。因此，答應與客戶合作前，先確認你是否能跟他愉快相處。

潛在客戶第一次來找我的時候，我會試著釐清為什麼對方想換廣告公司。如果我有理由懷疑他對我有所保留，我就會去找任職於客戶前一家廣告公司的友人探聽。最近，我及時發現一位潛在客戶沒有對我完全吐露實情。他以前合作的廣告公司告訴我他需要的不是廣告公司，而是精神科醫師。

⑦對於將廣告視為行銷活動中的枝微末節的客戶，我可是敬謝不敏。他們有一種尷尬的行事作風，那就是如果別的地方需要錢，就會挪用廣告預算。相反的，我比較喜歡把廣告視為重要營運環節的客戶。這樣一來，我們就是在客戶的核心骨幹中運作，而不是無關緊

要的小零件。

整體來說，最有利可圖的案子就是單位成本低、使用普及，而且需要經常購買的產品。比起高單價的耐用商品，這種產品的廣告預算比較多，也有更多機會進行測試。

⑧除非新產品是跟另一個已經在全國上市的產品綁在一起的要件，不然我不接受還沒完成實驗室檢測的**新**產品。比起替市場上的現行商品打廣告，廣告公司在試銷市場中推動新產品的成本更高。而且十個新產品有八個會在試銷市場中夭折。在整體利潤只有〇．五％的情況下，我們擔不起這種風險。

⑨想打造出優秀的廣告，絕對不要承接協會類型的客戶。幾年前，我們受邀參加爭取嫘縈製造商協會的廣告業務。我按時抵達他們總部，並被帶進一間浮誇的委員會會議室。

協會主席說：「奧格威先生，我們正在面談幾家廣告公司，你有十五分鐘的時間來介紹你的方案。然後我就會**搖鈴**，請在外面等待的另一家廣告公司代表進來。」

在介紹我的提案之前，我先問了三個問題：

「在您的宣傳廣告中，必須觸及多少嫘縈的最終消費者？」答案：汽車輪胎、裝飾織物、工業產品、男女服飾。

「廣告預算是多少？」答案：六十萬美元。

「廣告必須經過多少人批准？」答案：委員會的十二位成員，分別代表十二家廠商。

「搖鈴吧！」我說完就走出會議室了。

這幾乎是與協會接洽時都會碰到的情況：掌權者太多、目標太多、錢太少。

⑩有時潛在客戶跟你合作時，會要求你雇用一位他覺得在管理他的廣告上不可或缺的人。答應玩這種遊戲的廣告公司，最後只會讓一群

政客對公司的籌備團隊比手畫腳、無視公司的文案主管，並脅迫公司的管理階層。我有時會聘請有才幹的人，條件是他們不能連帶把自己的客戶或關係人牽扯進來。

就算已經對潛在客戶做了非常徹底的調查，在實際與他們**面對面互動**之前，幾乎不可能辨明他們是否真的滿足以上條件。你會發現自己處於非常微妙的情況下，一方面要推銷自己的廣告公司，另一方面又要從客戶口中套出他與產品的相關資訊，來判斷是不是真的想跟他合作。記住，多聽少說絕對不會錯。

用一份廣告，讓世人改觀

早年我也會犯一種錯，就是在招攬客戶時表現得不夠熱情。我的態度過於羞怯。比方說，波多黎各經濟發展計畫（Operation Bootstrap）的優秀負責人泰德・莫斯柯索（Ted Moscoso）第一次來跟我會面時就是這樣，他離開時以為我根本不在乎是否跟他合作。我花了好長一段時間，才讓他相信我是真心想替波多黎各做廣告。

而被指定為波多黎各的廣告代理公司後不久，我寫信給莫斯柯索：

> 我們必須替波多黎各建立一個**可愛**、**討好**的形象，來洗刷多數美國人腦中那幅髒亂淒慘的畫面。這對你們的工業發展、蘭姆酒產業、旅遊業以及政治改革都意義重大。
>
> 波多黎各是什麼？這座島嶼有什麼特性？波多黎各想用什麼形象來面對世界？波多黎各只是處於工業革命陣痛期的落後國家嗎？波多黎各永遠只是馬克斯・阿斯科利（Max Ascoli）口中的「新政支持者的福爾摩沙」嗎？波多黎各正逐漸轉變為後來的北費城（North Philadelphia）嗎？還是

說，這個經濟體仍藏有自己的靈魂？

我們要讓沒水準的遊客在波多黎各亂竄，讓這個地方變成次等邁阿密海灘嗎？在波多黎各人瘋狂想證明自己有多像美國人的同時，是否已經把自己的西班牙傳統給忘了？

我們有辦法避開這些迫在眉睫的悲劇。而避免悲劇發生的最保險做法，就是替波多黎各制定一份長期行銷宣傳活動，替波多黎各樹立一個激勵人心的意象：復甦重生的波多黎各，讓世人對波多黎各改觀。

莫斯柯索和穆尼奧斯總督（Luis Muñoz Marín）接受這個提議，我們也推動一系列宣傳活動，而這項方案依然沿用到九年後的今天。這系列宣傳廣告讓波多黎各的民生更富裕。我相信迄今為止，沒有其他廣告像這次宣傳活動一樣，如實改變一個國家的形象。

原則、弱點與目標

一九五九年的某天，莫斯柯索跟我還有經濟學家比爾斯利．魯姆（Beardsley Ruml）和統計學家埃爾莫．羅普耳（Elmo Roper）在世紀飯店（Century）共進午餐。飯後，在回我辦公室的路上，莫斯柯索說：「大衛，你已經幫波多黎各做五年廣告了。今天下午，我要打電話給你的其他客戶，邀請他們一同向你提議：如果你同意不再招攬新客戶，我們就承諾永遠不跟你解約。你願不願意把所有精力投注在手上現有的客戶身上，不再浪費時間爭取新客戶？」

我自己是非常想接受這個新鮮的提議。招攬新客戶令人興奮，但每多一個客戶，我的準備工作量就會增加。一週工作八十小時已經很多了。但我的年輕合夥人渴望面對新的挑戰。再者，連最頂尖的廣告公司也會失去客戶。有時是因為客戶把自己的公司賣給別人，有時是因為他們找態度惡劣的人來管理他們的廣告，但我又不願替惡霸服務。所以，如果公司沒有新客戶，就會慢慢流血致死。（但我也不是要大家效法班・達菲〔Ben Duffy〕。主掌天聯廣告公司時，他來者不拒，只要客戶想跟他合作他就答應，最後客戶竟然累積到一百六十七家。他都快被壓力壓垮了。雷索正好相反，他在主掌智威湯遜的第一年跟一百家客戶解約，那都是一些無利可圖、發展不全的小客戶。智威湯遜之所以步步成為全球最大的廣告公司，就是因為他跨出這一步。）

但有時，熱情滿滿的姿態也不是通往成功的最佳途徑。大概有五、六次，我拒絕那些沒有滿足我們條件的客戶，這反而激起客戶聘用我們的渴望。一家知名瑞士錶廠請我們幫忙做廣告，我們拒絕了，因為他們的廣告不僅要經過瑞士總部核准，還要美國進口商同意才行。沒有廣告公司有辦法同時服侍兩位老闆。但我們沒有直接拒絕，只說如果他們願意付二五%的佣金（一般都是一五%），我們就跟他們合作。客戶立刻同意。

有時候正在尋找廣告公司的廠商，會在報上披露自己正在考慮哪幾家廣告公司。然而，只要我們參與角逐的事實一經公開，我就會退出比賽。畢竟，承擔**公然**失敗的風險絕非明智之舉。成功時我願意亮相，但失敗時我不希望任何人知道。

此外，我會避免同時跟四家以上的廣告公司競爭新客戶。在角逐的過程中，廣告公司需要不斷與客戶開冗長的會議。要是廣告公司名氣響亮，就會被所有潛在客戶列在考慮清單中。但如果每次都去參與角逐，公司領導人就會把自己的時間浪費在這些永無止境的會議中。我們還有更重要的事得做，那就是替現有客戶服務。

當然，不必跟其他廣告公司競爭就能得到客戶，這無非是最理想的情況。不過這種狀況越來越少見，因為企業老闆現在似乎認為，在沒有多方比較之下就聘用新的廣告公司，似乎是有點輕率幼稚的舉動。在本書第四章，我會提供企業老闆免費建議，告訴他們如何正確挑選新的廣告公司。

多數廣告公司向潛在客戶提案時，會派出一大群員工。而公司領導人的角色，只不過是出席提案、介紹幾位公司下屬，並由下屬慷慨陳詞、說服潛在客戶。但一般來說，我比較喜歡自己進行簡報提案。畢竟，「到底要選哪家廣告公司」的決定，通常是由客戶公司的老闆親自決定，老闆就該由老闆來說服。

我也發現，如果頻繁更換提案發表人，會失去自己與其他競爭對手的鑑別度。好比說，交響樂團看上去其實都大同小異，但每個指揮都各有特色。因此，我們受邀角逐西爾斯（Sears）的廣告代理權時，我親自面對他們的董事會。有條有理的企業不太會被人海戰術給蒙蔽。在招攬新業務方面表現亮眼的廣告公司，其實都是靠公司老闆上場演獨角戲。（想想許多這類獨奏家令人卻步的性格，你就不得不承認在爭取客戶的過程中，**獨一無二**是重要關鍵。）

我每次都會讓潛在客戶知道我們公司的弱點。我發現要是古董商人告訴我某件家具的瑕疵，就能贏得我的信賴。

我們的**弱點**又是什麼？主要是以下這兩項：

①我們沒有公關部門。我的看法是，公關事務應該要由廠商自己負責，或是交由專業的公關諮詢團隊處理。

②我們從來沒有做過什麼酷炫的電視廣告。我很怕那種鋪張奢侈的東西。事實上，多數電視廣告的成本都太高，跟觸及的觀眾數不成正比。

雖然我努力安排，但增加新客戶的時間點總是未能如我們所願。有時候連續好幾個月乏人問津，我還懷疑公司是不是**再也**找不到新客戶了，員工也都意志消沉。但我們又會在短時間內接連獲得三個新客戶，馬不停蹄的工作壓力令人快要窒息。而解決這種現象的唯一辦法，就是列出一份潛在客戶的等待清單，並按照我們自己的步調來一一簽約合作。這是未來的目標。

第 3 章

能不能留住客戶，關鍵是什麼？

除了婚姻會出現七年之癢，廣告公司與客戶的關係也有所謂的七年危機。一般來說，客戶每七年會換一次廣告公司。他會對原本的廣告公司感到**厭倦**，就像美食家吃膩廚師煮的那幾道菜一樣。

贏得客戶的感覺令人飄飄然，但失去客戶簡直會要人命。畢竟，你該怎麼說服其他客戶不要跟你解約？我就親眼見證過兩家大型廣告公司因為失去一個客戶，其他客戶接連出走，最後公司倒閉，這種慘況實在令人瞠目結舌。

而公司總裁發現，會失去客戶是因為領導失當時，該怎麼面對自己的良心？在還有基本羞恥心的情況下，他要怎麼把那些負責服務客戶、盡全力抵銷他幹的蠢事的員工炒魷魚？這些人當中或許有百年難得一見的奇才，而他需要這些人才來接應他招攬進來的新客戶。但他又擔得起讓員工過著如履薄冰的生活嗎？通常沒辦法。我就見過有廣告公司在丟了一位客戶後，資遣上百位職員，其中有些人年紀已經大到沒辦法再找其他工作。

廣告公司之所以付員工這麼高的薪水，這就是原因之一。除了劇場界以外，廣告業大概是最沒有保障的行業了。

如果你渴望經營廣告公司，就得接受那種時常得如履薄冰的事實。假如你天生沒安全感、膽小害怕，那可就慘了。這條路可不好走。

我羨慕那些醫生朋友。他們手上有好多病人，不會因為少了一個就被毀掉。而且如果病人去找別的醫生，也不會刊在報紙上讓其他病人讀到。

我也好羨慕律師。他們能安心休假，不必擔心委託人跑去跟其他律師談情說愛。現在我有十九位非常完美的客戶，我真希望能制定一條法令，將搶走其他廣告公司的客戶列為非法行為。在瑞典，大廣告公司真的讓這樣一條法規寫進法令全書中，這真是為人樂見的產業限制。

想留住客戶，你需要……

不過，你可以採取一些措施來避免客戶流失。首先，你可以安排公司最頂尖的人才來服務客戶，不要全讓他們去爭取新客戶。我都會禁止專案經理去爭取新客戶，因為這會像玩賽馬一樣影響他們的工作態度。他們會開始忽略現有客戶，導致客戶接續出走。

再來，不要用性情不穩定、動不動就與人起爭執的人擔任主管。麥迪遜大道處處都是這種會無意間引發客戶反彈的受虐狂。我認識一些能力很強，但卻沒辦法留住半個客戶的人。我也知道一些能力普普、沒什麼才能的廣告人，但他們卻善於在廣告公司和客戶間建立和平穩固的關係。

第三，避開那些頻繁替換廣告公司的客戶。你或許會覺得跟你合作之後他們就會忠貞不二，但吃虧的通常是自己。

第四，你可以跟客戶公司內**各層級**的人保持聯繫。不過這點現在越來越難實踐，因為大型廣告業主內部職位層層堆疊：品牌助理經理向品牌經理報告、向部門主管報告、向行銷副總報告、向執行副總報告、向總裁報告、向董事長報告，另外還有一大群顧問、委員以及職員主管，所有人都在箝制廣告公司的行動。

許多公司的董事長與總裁完全不跟廣告公司往來，這已經是現下的趨勢。不過別忘了，他們還是會做出與廣告相關的重大決定，只是他們從來不跟廣告公司的人面對面接觸，而代表他們傳話溝通的部屬通常都不夠格。我常常從廣告經理口中聽到一些據說是總裁講的話，但我曉得他們總裁根本不可能講這種話。我相信他們總裁也從他們口中聽到，據說是我講的蠢話。就這樣，在你還不曉得發生什麼事之前，客戶就跟你解約了。

這讓我想到在一次世界大戰期間流傳的故事。有位副旅長從前線戰壕捎了一封口信回到分區總部，內容起先是這樣：「請增派兵力，我們即將向前推進。」在各層級之間依序傳遞到總部後，訊息內容變成：「請給三到四便士，我們要去跳舞。」

大公司高階主管之所以不喜歡與廣告公司密切往來，原因之一是他們不喜歡與廣告相關的業務。廣告太抽象。相反的，公司建造新工廠、發行新股票或購置原物料時，他們都知道自己得到了什麼。這些事對他們來說很清楚明瞭，向股東報告自己的決定時，他們手中也有清楚的資料與數據。但廣告是不精確的猜測。正如萊弗漢姆勛爵（Lord Leverhulme，後來零售業先驅約翰．沃納梅克〔John Wanamaker〕也講過一樣的話）所抱怨：「我花在廣告上的錢有一半都浪費掉了，問題是我不知道是哪一半。」

有生產、會計或研究背景的廠商，一定會對廣告人半信半疑，因為他們的思維邏輯過於清晰明確。這就是為什麼有些思考表達沒那麼具體明確的人，能把廣告公司管理得這麼好：他們能讓客戶舒舒服服的。

還有一個做法能降低流失客戶的風險，那就是採用我的「冷藏櫃策略」（ice-box policy）。做法是，只要客戶批准你做的第一份廣告，就開始著手策劃廣告備案，並將其投入測試市場。這麼一來，要是第一份廣告失靈，或是因為某些主觀因素惹客戶的管理階層不開心，就能立刻拿備案出來頂替。這種馬不停蹄構思備案的方法，雖然會稍微減損你的淨利潤、讓公司的文案寫手累個半死，但能拉長客戶與你合作的時間。

我會盡量站在客戶的角度想，以他們的角度來考量問題。我會買他們公司的股票，這樣就能以他們家庭成員的身分來思考事情。如果能**全面**了解客戶公司的情況，我就更能提供健全完善的建議。假如他們能把我選入董事會，我就更能以客戶利益為優先的角度，來替他們服務。

勤奮的年輕廣告人通常會有還不錯的想法，就是將兩家客戶擺在同一場行銷活動中。他們會建議其中一位客戶舉辦活動，並提供另一位客戶的產品作為獎品，或是讓兩家客戶在雜誌上共用廣告版面。但這種合併的做法對廣告公司來說頗危險，因為肯定有一家客戶會認為自己分到比較少資源。而試圖排解客戶糾紛時，一定會把自己搞得灰頭土臉。我從以前就學到，要讓客戶保持距離。只有一次，海瑟威跟舒味思汽水的老闆剛好碰到了，他們那天早上都要去買勞斯萊斯。

我也從來沒有對客戶說過，自己因為已經和另一位客戶有約，所以沒辦法參加他的銷售會議。畢竟，多角戀愛的成功訣竅，在於讓每個伴侶相信自己是對方心中唯一所愛。如果有客戶向我打探另一家客戶的廣告成效如何，我會趕快換話題。雖然這有可能讓客戶不爽，但如果他問我就回答，他有可能會覺得我也是如此輕率地對待**他的**祕密。一旦客戶不相信你能替他保守祕密，就沒戲唱了。

有時客戶聘用的廣告經理無能到極點，你不得不跳出來指出他的問題。但這種事十五年來我只做過兩次，一次是我在六個月前開除一位精神錯亂的傢伙，另一次是揭穿一位說謊成性的人。

如果你發現廣告公司與客戶的主管之間出現溝通問題，多數明事理的客戶似乎都認為你有義務通知他們。我有一次就被客戶斥責，因為我沒有告訴他，其實他們品牌經理提出的行銷計畫，都是我的專案經理幫他代筆的。

客戶有時會毫不猶豫要求我們把專案經理換掉。有時他們是對的，有時卻沒什麼道理。但不論對錯，把該主管調到別的職位，其實對所有人都比較好。而且，最好在事情還沒有鬧大、波及廣告公司與客戶的關係前就處理好。

我曾經有一位才華洋溢的同事，在一年內三度遭到客戶替換，這讓他嚴重受挫、決定再也不碰廣告了。但如果你的臉皮薄到禁不起這種磨難，就不該來廣告公司當專案經理。

這不是拍馬屁，而是基本禮儀

我通常都會使用客戶的產品。這並不是刻意拍馬屁，而是基本的做人禮儀。我使用的所有民生消費品，幾乎都是客戶產製的。舉例來說，我穿海瑟威的襯衫，用斯圖本（Steuben）的燭台，開勞斯萊斯汽車，油箱裡永遠都是殼牌超級汽油。我的西裝在西爾斯訂做，早餐都喝麥斯威爾咖啡或泰特利（Tetley）的茶，再配上兩片培伯莉（Pepperidge Farm）的吐司。我用多芬香皂、盼（Ban）的體香劑，用 Zippo 打火機點菸斗。太陽下山後，我只喝波多黎各的蘭姆酒跟舒味思的飲料。我讀的報章雜誌，都是用國際紙廠生產的紙印刷而成的。而到英國或波多黎各度假時，我都透過美國通運（American Express）訂票，並選搭荷蘭皇家航空或P&O東方航運（P&O-Orient Lines）。

難不成這有什麼不妥嗎？這些產品跟服務難道不是世上最頂級的嗎？就是因為我覺得這些產品無與倫比，才選擇替它們打廣告。

客戶決定請我們幫他們做廣告，因為他認定我們是最佳選擇。他的顧問在做過徹底詳細的評估、了解我們能提供哪些服務後，才做出這樣的決定。但是時移事遷，客戶會聘請新的顧問。每次出現這樣的變動，廣告公司就得盡快說服新上任的顧問，讓他知道他的前任選擇我們是正確的決定。面對新任顧問，要把他當成新的潛在客戶來對待。

要是碰到大型企業，這種反覆推銷自家廣告公司的流程會一再上演。這實在很浪費時間，也很消磨人的意志，但卻無比重要。對廣告公司與客戶的關係穩定度來說，新任顧問永遠是一大威脅。

而對廣告公司而言，最危險的事，就是仰賴廣告公司與客戶之間的單一人際連結。如果大型企業的總裁選擇與你的廣告公司合作，是因為他喜歡你公司的總裁，那你必須立刻採取行動，來強化基層的連結。只有廣告公司在**各個**層級上與客戶緊密結合，雙方才有機會能長久合作。

我不認為與客戶聯繫的工作該全部交給專案經理。畢竟，讓調查研究、媒體、文案、藝術、電視製作、行銷等其他服務部門的人跟客戶打好關係，雙邊合作起來會更順暢。雖然這樣有時候會鬧笑話，因為這些幕後工作人員在應對進退方面未必圓滑得體，而且有時外表看起來也很不起眼。但只有洞察力異常敏銳的客戶才會意識到，其實說話吞吐結巴的青澀小毛頭，或許有能力寫出讓銷售額翻倍成長的廣告。

廣告史上最蠢的文案

醫生很難開口對病人說他的病很重，對廣告代理商來說，告訴客戶他的產品有嚴重缺陷也是難以啟齒的事。我知道有些客戶寧願聽到妻子的批評，也不想面對坦率的負評。但廠商對產品的自豪與驕傲，反而會讓他無視其中的缺點。偏偏廣告公司遲早都得處理這類棘手的問題。坦白說，我不太會處理這種事。有一次，我告訴顧客我對他的義大利麵的品質穩定度存疑，他卻反問我有沒有辦法替不愛的產品做好廣告。最後，我失去這份案子。但整體來說，我發現有越來越多客戶樂於聆聽坦承的批評，尤其樂見根據消費者意見調查而來的評論。

廣告公司領導人日理萬機，通常只有在危機出現時才會與客戶見面。但這是錯的。若能養成在風平浪靜時與客戶見面的習慣，就能建立從容和樂的關係，讓你在風雨來襲時不會立即翻船。

坦承自己的過失非常重要，而且最好在受到指摘之前就坦白面對。但許多客戶身邊，都有一群習慣把自己的過錯推到廣告公司身上的能手。我會把握機會儘早認錯擔責。

現在想來，我們辭退的客戶數量，是把我們解僱的客戶的三倍。一方面，我不會讓專制跋扈的人對我的員工頤指氣使。另一方面，除非我認為客戶的想法基本上沒問題，不然我也不會讓客戶主導廣告的內容與走向。要是遷就客戶的想法，廣告公司的創意名聲就會被玷汙，而這本該是廣告公司最珍貴的資產。我在一九五四年就犯過這種錯。我在利華兄弟任職的朋友傑瑞．巴布（Jerry Babb）堅持要我在同一份廣告中，同時宣傳舊的林索（Rinso）肥皂粉跟新款林索藍色洗潔劑。然而，根據過往的廣告研究，我知道在一份廣告中推銷兩樣產品的效果並不好，尤其其中一款是新品、另一款是即將停產的舊品。更慘的是，巴布還要求我在廣告中營造異想天開的歡快氛圍。

接連幾週，我努力說服他以比較嚴肅的形式來打廣告，這種方式用在汰漬（Tide）跟其他洗潔劑上都有不錯的效果，但巴布不願讓步。我已經看到暴風雨即將降臨的信號了。他的左右手警告我，要是我不照辦，他們就不繼續跟我合作。最後我投降了。我花了兩小時、灌了一品脫的波多黎各蘭姆酒，寫出廣告史上最蠢的文案。這是一段短詩，搭配《男孩女孩出來玩》（Boys and Girls Come Out to Play）的曲：

白色林索還是藍色林索？
肥皂還是洗潔劑？全由您決定！

兩款都能洗得潔白晶亮如新，

各位太太，選擇由您決定！

這個可怕的蹩腳廣告按時問世，我的臉也全丟光了。員工以為我瘋了，利華兄弟的各個營運層級，認為我根本不曉得什麼樣的廣告才能說服家庭主婦買單。六個月後我們被解聘，根本是活該。

但我公司承受的損害還沒結束。此後幾年，我完全找不到任何嚴肅的行銷人才來奧美上班。直到我跟應徵者說，我也跟他一樣痛恨那個蠢到不行的林索廣告，才開始徵到有能力的人。

這次經驗告訴我，在重大策略上討好客戶是行不通的。屈辱讓步這種事幹一次就夠了。

糟糕的條件，會反過來害你

若我們無法從合作案中獲利，我也會結束與客戶的合作關係，與銀器品牌 Reed & Barton 的合作案就是如此。當時，我們領到的佣金不夠支付我們提供的服務。但掌管這家優秀老字號家族企業的羅傑・哈洛威爾（Roger Hallowell），不願意補足我們承受的損失。雖然我很喜歡哈洛威爾跟所有 Reed & Barton 的工作人員，但我不會為了跟他們合作，讓公司無止境虧損下去。我認為由我們主動終止合作是他們的錯。對他們公司的利潤來說，奧美實在功不可沒，我們讓他們了解該如何預先測試銀製餐具的紋路圖樣。畢竟，推出新的圖樣需要付出五十萬美元的成本，但沒有任何男性主管有辦法預知十九歲的新娘喜歡什麼圖樣。

此外，對客戶產品失去信心時，我也會辭退客戶。要廣告代理商勸消費者買他不讓自己老婆買的產品，這種行為一點誠信也沒有。

從客戶變摯友

赫莫特先是接替霍普金斯成為了羅德湯瑪士（Lord & Thomas）的首席文案，後來又因為發明肥皂劇發了大財。他曾經對我說：「客戶都是**蠢蛋**……剛開始你可能不會這樣想，但之後就會改變想法。」

不過，我的個人經驗並非如此。我確實碰過幾位蠢蛋，也把他們辭退了。但除了少數例外，我其實很愛自己的客戶。如果不是因為擔任他們的廣告代理商，我也沒機會跟莫斯柯索這樣的人交朋友（這位偉大的波多黎各人，後來成為美國駐委內瑞拉大使以及爭取進步聯盟的領袖）。

要是沒有爭取到斯圖本玻璃這位客戶，我也不可能會跟亞瑟·霍頓（Arthur Houghton）成為朋友。成功爭取到這名客戶的那天，對我來說真是意義非凡。霍頓是工業史上最傑出的當代藝術贊助者、珍稀書籍的重量級權威，同時也是最富想像力的慈善家。

有許多客戶都跟我成為親密摯友。比方說，海瑟威的艾勒頓・傑特（Ellerton Jette）讓我當選科爾比學院（Colby College）的董事，使我的生活更豐富。P＆O東方航運的柯林・安德森爵士（Sir Colin Anderson）是我客戶中，唯一精通蘇格蘭舞蹈與刺繡的專家。而舒味思的懷特黑德指揮官本來只是客戶，後來也成為關係緊密的夥伴。我們曾一起經歷過船難失事，彼此的老婆也會互相陪伴、聊聊丈夫的生活瑣事。

魯賓斯坦夫人對我來說依舊魅力不減。這位體型嬌小的波蘭美人，十九世紀在澳洲創業，十八歲時就賺了三萬英鎊。在她發掘奧美廣告的時候，已經是女企業霸主，公司在世界各地都設有分部。在辦公室裡，她的氣勢令人畏懼，但她也有令人無法抵擋的幽默感。我跟她見面的次數不下百次，而在原本嚴肅凝滯的會議氣氛中，她也能開懷大笑，笑到淚水沿著臉頰流下來。作為朋友，她是快樂活潑與慷慨大方的綜合體。

我欣賞魯賓斯坦夫人的另一點，是她不矯揉造作。她從內到外都令人讚嘆，完全沒有裝模作樣的必要。格雷厄姆・薩瑟蘭（Graham Sutherland）在替她繪製肖像時就掌握這一點。

我的提案哲學

有些廣告公司對透過委員會來完成所有事趨之若鶩。他們將「團隊合作」捧上天、貶低個人的功能。但沒有任何「團隊」能一起寫出廣告，我也相信所有成就非凡的廣告公司，都是由一個人一肩扛起的。

客戶有時會問，要是我被計程車撞死，奧美會變成什麼樣子。奧美肯定會變的。參議員本頓與州長鮑爾斯離開他們成立的廣告代理商後，公司變得更好。智威湯遜在湯遜先生離開後，繼續營運。麥肯廣告在哈里・麥肯（Harry McCann）退休後來到巔峰。雖然瑞蒙・羅必凱（Raymond Rubicam）大概是史上最頂尖的廣告公司領導人，但在他退休後，揚雅的發展也未受到影響。

我跟產婆一樣靠接生維生，唯一差別在於，我接生的嬰兒是新的行銷廣告。每個星期，我會到我們的「產房」一、兩趟，主持大家所謂的提案會議。在這種令人坐立難安的嚴肅會議上，通常會有六到七位我的部屬，還有客戶企業中的幾位大人物。氣氛十分緊繃。客戶都知道，他們會被要求批准斥資數百萬美元的廣告案，而廣告公司已經在這份提案以及計畫中，投入大量時間與金錢。

在奧美，我們通常會將提案演練給計畫委員會聽。而這個計畫委員會是由公司的資深理事組成，他們比我碰過的所有客戶都還嚴格，給的評語也相當直接、不留情面。要是廣告計畫能通過他們的審視，那應該就沒什麼好擔心的了。

但是，不管提案多麼充分完善、籌備人員針對行銷的現實面做了多仔細的評估，或是文案寫手的作品有多出色，提案時還是有可能發生可怕的事。要是提案一大早就開始，客戶可能還在宿醉。有一次我犯了錯，把要呈現給西格集團的布朗夫曼的提案報告排在午餐後。簡報時他睡得很沉，醒來之後脾氣暴躁，直接否決我們花好幾個月準備的廣告提案。

布朗夫曼不喜歡多數廣告公司派好幾個人上場做簡報的傳統。我也不愛。畢竟，單派一個人上場說話，觀眾也比較不會分心走神。而這個人理應是最具說服力的宣傳者，他也應該對整體情況有細緻入微的了解，這樣在接受反覆質詢的時候，才不會露出破綻。

我親自上陣提案的次數，比其他廣告公司的老闆還多。一方面是因為，我自覺是表達能力不錯的人。另一方面，我覺得如果要讓客戶知道廣告公司的老闆也親身參與客戶的廣告業務，直接上台提案是最有力的方式。不曉得大律師是不是也像我一樣，徹夜未眠來準備一個接一個、令人忙不完的提案。

然而，費盡苦心準備要呈現給客戶的提案絕對值得。撰寫提案時，表達要力求流暢易懂，最好不要矯揉造作，並且在簡報中穿插無可辯駁的事實。

不過，仍然有少數客戶不喜歡廣告公司用這種詳實的方法來提案。他們偏好在沒有實質內容的情況下挑選廣告版面設計，彷彿是在挑選要送展覽的照片一樣。舒味思的弗雷德里克．霍伯爵士（Sir Frederic Hooper）就是這一派。我頭一次向他介紹行銷方案時，他很快就聽膩了。他本來期待能花半小時聽個文學批評、讓心情舒爽一下，沒想到我卻不斷複誦沉悶無趣的市場事實。在提案的第十九頁，我提出與他的基本假設相違背的統計數據。他厲聲斥責：「奧格威，你這種統計式的廣告手法真的很幼稚！」

我不曉得製作這份計畫的統計學家聽到這番恭維後會怎麼想，但我毫不妥協。五年後，霍伯爵士邀我去他主持的一場廣告大會演講，他也在現場公開賠禮道歉。他建議我將他最近得出的結論寫進我書裡：「到頭來，客戶對告訴他們真相的廣告代理商心懷感激。」那時，舒味思的銷量在美國已經增加了五一七%，我們之後也相處得很融洽。

另一位不想被數字搞得頭昏腦脹的客戶曾嚴肅地向我抱怨：「大衛，你公司的問題就出在有太多客觀思考的員工了。」

而向委員會介紹複雜方案的絕妙工具就是翻轉式畫架，然後提案人大聲將上頭的文字朗讀出來。這樣能讓整個空間的人都專心聽你說話。關於這點，我也有些建議能提供。雖然這聽起來很無關緊要，卻有可能決定提案簡報的成敗：大聲朗讀時，嘴裡念的字絕對不要跟印出來的文字有絲毫誤差。這樣做的關鍵在於，你能同時觸及受眾的聽覺跟視覺感官。如果耳裡聽的跟眼睛看的是不一樣的字句，他們就會開始混淆、注意力分散。

就連現在，簡報前我還是會緊張個半死。我特別怕自己的英式口音會造成什麼負面影響。

畢竟，美國廠商怎麼可能會對一個外國人有信心，相信他能影響美國家庭主婦的行為？但在我心中，我知道自己在普林斯頓大學跟在蓋洛普博士身旁的那些年，讓我更深入地了解美國消費者的習慣與思維，了解程度甚至勝過美國當地的多數文案寫手。而我總是希望能在提案中表露出來。所以在提案開頭，我會先提出無人能質疑的自明之理。等觀眾熟悉我的口音後，我才會碰觸那些比較有爭議性的論點。

我第一次允許員工向客戶介紹我們的提案時，我知道員工看到我出現在會議廳肯定會很緊張，所以躲在隔壁房透過一個小孔默默觀察。那位員工的名字是蓋瑞特・萊德克（Garret Lydecker），而他的表現比我之前和之後做的提案都還要好。

現在我有幾位合夥人都是一流的提案高手。如今，我已能在毫無顧忌的情況下，出席他們的提案報告。即便被我激烈質問，他們還是能處之泰然。在提案結束後的討論環節，雙方會擬定一項既非客戶、亦非廣告公司在提案時舉出的廣告方案，這樣兩邊就能建立起共患難的手足情誼，破除廣告公司與客戶對立的傳統。

在某些廣告公司，專案經理有權指使創意人員。雖然這會在某些客戶心中留下不錯的印象，因為他們覺得自己的廣告由「生意人」主掌比較安穩。但這也營造出壓制文案寫手的工作氛圍，而客戶最後拿到的也不是最佳成品。在另一些公司，專案經理就像服務生，將成品從廣告公司的文案寫手那邊端到客戶面前。而且，除非通報總部，不然客戶提出的微小修改他們都不能同意。這些專案經理的判斷權力遭到剝奪，淪為跑腿小弟。

我強烈反對這兩種操作。我公司裡有一流的文案寫手，他們跟有能力、有權力跟客戶協商的專案經理合作。而專案經理的經歷也很豐富，能嫻熟管理客戶專案的每個環節，但又不會去挑戰文案寫手的終極權威。這是很難拿捏的平衡，而除了我們之外，我知道只有另一家廣告公司能做到這點。

「這才是寫來讓人讀的東西」

比起我早期寫的行銷企劃，我們公司現在推出的行銷方案不僅更專業客觀，也更井井有條。不過那些充滿業務行話的提案仍會讓我坐立難安，像是：以百分比來看、尤其重要的是、緩衝、最大化等術語。小時候，我每天吃早餐前都會被逼著背十二節《聖經》詩文，九歲起開始學拉丁文。在牛津求學時，我受到那些排斥德國學術風氣的教師影響，他們認為德國學派枯燥乏味、缺乏幽默感，而且非常難讀。他們不鼓勵我讀德國古典學者蒙森（Theodor Mommsen）的作品，而要多讀英國歷史學家吉朋（Edward Gibbon）、英國作家麥考利（Rose Macaulay）和泰瑞維廉（Trevelyan）的著作，因為這些才是寫來讓人讀的東西。這種訓練使我現在無法好好閱讀那些浮誇的文字，但閱讀這類華而不實的資料卻是我的準備工作。美國商人還沒學會一個道理，那就是不該讓自己的同胞感到**厭煩**。

第 4 章

給客戶的提醒：讓鵝為你下金蛋

全球規模數一數二大的一位廣告客戶，近期聘用一間著名的管理工程公司，來研究其廣告與利潤的關係。進行這項調查的統計學家落入一個異常普遍的圈套：他以為在這段關係中唯一重要的變數，是每年花在廣告上的**經費總數**。他沒有想到，把一百萬美元花在有效的廣告上，銷售能力遠大過砸一千萬美元在無效的廣告上。

郵購廣告的業主已經發現，只要稍微調整一下標題的內容，銷量就有可能增加十倍。我就知道有些電視廣告的產品銷量，是同一個人寫的其他電視廣告的五倍。

我也認識一位釀酒商，在他每週賣出去的啤酒中，沒看過他廣告的比看過廣告的人還要多。差勁的廣告會讓產品**賣不出去**。

有時這種災難的責任落在廣告公司身上，但錯的通常是客戶。有什麼樣的客戶就有什麼樣的廣告。我曾替九十六家客戶做過廣告，所以難得有機會比較他們的態度與辦事流程。有些客戶的行徑非常差勁，以至於沒有廣告公司能替他們打造有效的廣告。有些行為值得稱許，不管請哪家廣告公司來都能做出好廣告。

十五條客戶金律，讓品牌名利雙收

在本章，我會列出十五條規則。假如我是客戶，我會在與廣告公司互動時遵守這些規則，這樣絕對能獲得最佳服務。

① 讓你的廣告公司擺脫恐懼

多數時候，經營廣告公司令人膽戰心驚。一來，許多喜歡從事廣告代理業務的人本來就沒什麼安全感；二來，許多客戶都坦率直接地表露自己正在物色新廣告公司。但膽戰心驚的人，是沒辦法做出優秀廣告的。

推掉勞斯萊斯的案子之後，我主動去拜訪福特汽車公司，希望能「多多了解一下」。但值得慶幸的是，福特汽車的廣告經理拒絕見我。他說：「底特律是個小城市。如果你來拜訪我，一定會被人看見。我們現在的廣告代理商就會聽說這件事，而且可能會感到驚恐。我不希望他們坐立難安。」

假如我是客戶，一定會盡全力讓廣告公司擺脫恐懼，就算簽長期合約也甘願。

我朋友克拉倫斯・埃爾德里奇（Clarence Eldridge）具備廣告公司與客戶兩邊的經驗。在揚雅的策劃委員會擔任主席闖出名號之後，他到通用食品擔任行銷副總，之後又成為金寶湯公司的資深副總。這位在客戶與廣告公司關係方面見多識廣的行家認為：「有一個詞能總結客戶與廣告公司的理想關係，那就是穩定感……想要營造穩定感，雙方必須打從一開始就抱持這個概念。兩造必須刻意、有意識地將穩定感注入關係中。」

比方說，任職於 AT&T 的著名公關人佩奇聘請愛爾廣告公司（N. W.

Ayer）替 AT&T 做廣告。儘管他常對愛爾的服務感到失望，但他沒有像許多客戶那樣跟廣告公司解約，而是將愛爾的主管找來，請他把工作做好。所以，AT&T 的廣告從來沒有受到任命新廣告公司的混亂所影響。愛爾廣告公司的喬治．塞西爾（George Cecil）替 AT&T 寫廣告文案長達三十年，成功營造出相當討喜的形象，讓這家壟斷公司在一個不歡迎壟斷的國家備受歡迎。佩奇是非常聰明的客戶。

廣告公司很容易成為代罪羔羊。畢竟，比起向股東坦承產品有問題或經營失當，跟廣告公司解約輕鬆許多。但是在跟廣告公司解約前，不妨先問問自己以下問題：

- 寶僑與通用食品從廣告公司那裡獲得一流服務，而且他們從來沒有換過廣告公司。為什麼？
- 聘用新的廣告公司能解決你的問題，還是只是把灰塵掃到地毯下而已？問題的真正**根源**到底是什麼？

- 是不是競爭對手嚴重威脅了你的產品地位？
- 你是不是曾經主導廣告的走向，現在又把責任推給廣告公司？
- 你是不是曾把廣告公司嚇得驚慌失措？
- 你的廣告經理有沒有可能是天大的蠢材，蠢到會去否定**所有**廣告公司裡的優秀人才？
- 假如你的廣告公司在替你服務時，得到的祕密被競爭對手拿去利用，你會有什麼感覺？
- 你有意識到替換廣告公司，有可能會搗亂你的行銷活動長達十二個月、甚至更久嗎？
- 你對廣告公司的主管是否全然坦承？如果你把自己的不滿告訴他，他有可能會更賣命努力，讓你得到從新廣告公司那裡無法得到的優質服務。

• 你有沒有想過，如果辭退一家廣告公司，可能會讓那些曾替你服務的男男女女失業？難道沒有別的辦法能避免這種人為悲劇嗎？

我曾經多次建議那些想跟我合作的廠商，請他們不要把原本的廣告公司換掉。舉例來說，賀卡公司 Hallmark 特地派人來試探我的意願時，我就說：「你們的廣告公司替你們賺進大把財富，換廣告公司是不懂感恩的殘忍行為。直接告訴他們你們對目前的服務哪裡不滿意吧，我相信他們一定會改善的。不要把他們換掉。」Hallmark 接受我的建議。

有家罐頭公司邀請我去競爭他們的案子，我說：「在這個艱難惡劣的環境下，你們的廣告公司還是提供一流服務。我剛好知道他們其實是在賠本的情況下替你們服務。你們應該要獎勵他們，而不是把他們辭掉。」

一位年輕的高階主管怨憤地說：「奧格威先生，這是我聽過最不知好歹的話。」但他同事都認為我說得沒錯。

玻璃器皿製造商協會要我去競標他們的廣告案時，我還建議他們繼續跟肯尼恩與艾克哈特公司（Kenyon & Eckhardt）合作，畢竟這家廣告公司一直以來都端出相當優秀的廣告。但他們沒有接受我的建議。

② 一開始就選對廣告公司

如果你花一大筆股東的錢在廣告上，而且公司的盈利能力又大幅仰賴廣告的效度，那你就有義務費盡心思選擇最好的廣告公司。

業餘人士會說服一大群廣告公司提交免費的廣告提案。而在這種競爭拔得頭籌的，都是那些將一流人才用來招攬新客戶的公司。他們會把到手的客戶交給二流的員工來服務。但假如我是廠商，我會找一家沒有業務開發部門的公司。頂尖廣告公司不需要這種部門，他們不參與比稿，而是靠實力來招攬客戶。

比較合理的挑選廣告公司方式，是聘請一位了解廣告業現況、能做出完善評估的廣告經理。請他選出三到四家最有資格替你做廣告的廣告公司後，再讓他提交這些公司的代表性廣告與電視廣告。

接著，你可以打電話向這些廣告公司的客戶打聽消息。只要跟寶僑、利華兄弟、高露潔、通用食品以及必治妥施貴寶等聘用**數家**廣告代理商的公司聊聊，就能獲得許多詳實的資訊。他們能針對多數一流廣告公司的各個面向提供情報。

接著，邀請競爭你業務的廣告公司高層，帶兩位得力部屬到你家吃晚餐，讓他們放鬆心情、暢所欲言。觀察他們是否對現任客戶的祕密三緘其口。看看他們是否能在你說出蠢話時，勇敢提出反對意見。觀察他們彼此的關係，究竟是合作無間的專業夥伴，還是勾心鬥角的政客？他們是否誇下海口？他們講話聽起來死氣沉沉，還是活力充沛？他們是好的傾聽者嗎？他們在理智上是否誠實？

而且你還要去感受自己是否**喜歡**他們。客戶與廣告公司的關係必須親密無間，如果兩邊的關係不融洽，合作起來會非常痛苦。

別誤以為**大**廣告公司會忽略你的業務。在大型廣告公司中，那些實際執行業務的年輕人，比上層長官還更能幹勤奮。另一方面，也不要以為大廣告公司就能提供比小廣告公司更多的服務。無論廣告公司規模是大還是小，替你的案子服務的人員數量其實都大同小異：每花一百萬美元，大概會有九個人替你服務。

③向廣告公司詳細描述你公司的狀況

廣告公司對你的公司和產品了解越多，就更能做出優秀的廣告。例如，通用食品請我們替麥斯威爾咖啡打廣告時，就帶我們一步步了解咖啡產業。每天，我們都會聽他們的專家介紹未經烘烤的咖啡豆、配方豆、烘焙、定價以及這個產業的神祕經濟原理。

有些廣告經理太懶惰或無知，無法適切介紹自己的公司概況。碰到這種案例，我們只能自己去挖掘事實。但這也會拖到我們提交第一份行銷廣告的時間、讓所有相關人士士氣低落。

④ 不要在創意領域跟廣告公司競爭

如果已經養了狗，就不用自己吠了。

在汽車後座對駕駛下指令，這絕對會讓優秀的創意人感到氣餒。如果你做這種事，那只能自求多福了。請向廣告經理說清楚：創作廣告不是他的責任，是廣告公司的，禁止他插手分擔廣告公司的責任。

海瑟威總裁傑特將襯衫業務交給我們處理時，他說：「我們準備打廣告了，但預算每年不超過三萬美元。要是你接受，我保證你們的廣告文案我一個字都不改。」

我們接下這個案子，傑特先生也信守諾言，從來沒有改過我們廣告半個字。他把襯衫廣告的**全責**都交給我們。要是我們替海瑟威做的廣告沒有成功，責任全部歸我。但廣告並**沒有**失敗。史上從來沒有人用這麼低的預算，打造出聞名全國的品牌。

⑤ 好好照顧替你下金蛋的鵝

在客戶委託廣告公司做的工作當中，最重要的莫過於替還沒完成實驗室測試的新產品打造行銷廣告。這代表我們需要從零開始，建構一幅完整的形象。

寫下這段文字時，我正在做這樣的工作。一百多位科學家花了兩年才開發出這款產品，但客戶只給我三十天來塑造產品形象、籌劃如何將產品推到市場上。如果我做得好、產品成功了，我對它的貢獻就不亞於那一百位科學家。

但這種工作不適合新手來做。畢竟，負責的人必須具備豐富的想像力，以及敏銳的行銷洞察力，還要對調查技巧有充分了解，這樣才能擬定產品的名稱、包裝，以及該給消費者什麼承諾。另外，他還要能夠放眼未來，思考競爭對手未來推出相同產品時，該如何應對。此外，有能力寫出產品介紹廣告，也同等重要。以性情和經驗來看，我認為在美國有資格做這份工作的人，頂多只有十來個而已。一般來說，多數客戶會期待廣告公司能負擔這項工作的成本。但如果客戶能投入產品研發經費半數的資金，讓廣告公司來執行創意行銷業務，就不會有那麼多新產品在上市前胎死腹中了。

⑥ 不要讓過多層級的意見拖垮廣告

我知道有一位廣告客戶在公司內部設立五道不同的關卡，來決議廣告公司的提案，而每道關卡都有修改與否決的權力。

然而，這樣會導致非常慘烈的後果。首先，公司機密有可能會被洩露出去。再者，這樣會把有能力的人才綁在一連串毫無意義的會議中，也會把簡樸的原始提案搞得很複雜。最慘的是，這會讓廣告提案的流程被「創意政治」汙染。文案寫手學會迎合十幾位高階主管的想法，以搏取支持。一旦文案寫手成為耍心機的政客，就成了劇作家約翰・韋伯斯特（John Webster）口中的那種人：「政客模仿魔鬼，就跟魔鬼模仿大炮那樣：無論他在哪裡做壞事，總是背對著你來。」（引自《白色魔鬼》（*The White Devil*），約一六〇八年。）

事實上，多數淒慘的電視廣告，都是委員會決議出來的產物。委員會可以對廣告給出批評意見，但絕不能讓他們創作廣告。

相反的，大部分讓品牌名利雙收的廣告，都是兩個人通力合作的結果：一位腳踏實地的文案寫手，以及一位能提供刺激與想法的客戶。例如，戈登・西格羅夫（Gordon Seagrove）跟傑瑞・蘭巴特（Jerry Lambert）就是這樣打造出李施德霖的廣告。而我跟莫斯柯索也是在這種關係之下，成就出波多黎各的廣告。

西格集團請我替基督兄弟（Christian Brothers）的酒做廣告時，提醒我這份廣告不僅要讓他們的老大布朗夫曼滿意，還要讓納帕谷（Napa Valley）基督兄弟修道院的酒窖主管修士和其他修士點頭才行。還在讀小學的時候，我很愛法國小說家亞方斯・都德（Alphonse Daudet）寫的一篇關於高謝神父的故事。這位神父在研究如何釀製最頂級順口的烈酒時，成了無酒不歡的酒徒。所以，我決定讓酒窖主管修士成為廣告的重點。

西格集團批准這份提案，酒窖主管修士也不介意在廣告中扮演宗教界的懷特黑德指揮官。但他覺得有必要將我們的提案提交給羅馬的教宗審查，著名的聖父立刻用拉丁文否決我們的方案。不久後，美國的一位紅衣主教介入，要求我想出一份「無傷大雅」的廣告。這項不尋常的指令讓我大感灰心，我馬上就表明要終止合作。畢竟，九頭蛇般的客戶永遠是無解的難題。

⑦ 確保你找的廣告公司有賺錢

廣告公司手上不是只有你這個客戶。如果你的案子無法讓他們賺錢，廣告公司的管理階層就不會指派最優秀的員工來替你服務。而且，他們早晚也會去找更有利可圖的案子來取代你。

而且，廣告公司要盈利越來越困難了。廣告公司為了客戶所花出去的每一百美元，平均只能賺回三十四美分。以這個比例來看，這門生意還真不划算。

依經驗看來，如果廣告業主想得到最好的成效，就應該支付廣告公司固定費率。傳統的一五％佣金已經過時了，這種方式尤其不適合用在「套裝」產品上。這類產品的業主都期待廣告公司能給出客觀建議，指出該如何將行銷預算分配給可抽成的廣告，以及不可抽成的促銷活動。然而，一旦廣告公司的既得利益完全取決於可抽成廣告的量，要期待廣告公司能做出不偏不倚的判斷，是不切實際的。

我認為，唯有廣告公司的酬勞，與廣告公司說服客戶投入的行銷經費無關，雙方的關係才會是最令人滿意的。如此一來，我才能自在地建議客戶多花錢打廣告，他們也不會懷疑我的動機。即便我勸客戶**少花錢**在廣告上，我公司的股東也不會有所不滿。

我不怕廣告公司之間打價格戰。畢竟，經歷一段時間的價格競爭會讓優秀的廣告公司更強韌、並淘汰比較差勁的廣告公司，因而提升廣告公司的整體表現水平。比起差勁的廣告公司，好的廣告公司本來就該領比較多報酬。

我宣布奧美準備向客戶按月收費後，許多廣告圈外有頭有腦的人都表態支持。麥肯錫的老闆就寫道：「你的主張顯露出真正的領導者風範，向過時的付費方式公開提出質疑。」埃爾德里奇則說：「恭喜你有十足的勇氣打破傳統，並且以合乎邏輯、實際的態度來探討廣告公司的收費方式。

這無疑是重大突破。」

但改向客戶收取月費的決定，遭到其他廣告公司反彈，我還差點被踢出美國廣告代理商協會（American Association of Advertising Agencies），而我當時還是協會的理事。

這個威嚴的協會長達三十年來，努力將廣告公司的服務佣金固定在一五%。因此，若想要保有協會的會員資格，廣告公司就得堅定不移地遵守此規則。一九五六年，美國政府出面干預，禁止協會強制實行這項規定，但這個傳統至今依然存在。要是拒絕遵從這項迂腐的佣金規範，廣告公司就會被當成無賴。

我敢說麥迪遜大道的風氣絕對會有所改變。沒錯，我希望大家能記住我這個異議分子，因為我開創的做法賦予廣告代理商專業地位。

⑧不要和廣告公司斤斤計較

如果你讓錙銖必較的員工跟廣告公司在費用上討價還價，那就錯了。比方說，倘若你在調查研究方面很摳門，就沒辦法獲得**充分**的調查結果。你的廣告公司就得瞎子摸象盲目行事，到頭來損失的還是你自己。

但是，假如你自願承擔廣告前測、分刊測試印刷廣告效果，以及其他廣告調查的費用，廣告公司就有資金繼續實驗、找出最有利可圖的廣告。

假設廣告公司替你打造的行銷廣告成效不彰，也不要期待他們會支付所有成本。比如，如果他們推出的電視廣告效果不如提案時所預期，就請他們再試試看別種方法，但**錢由你來付**。畢竟，電視是超級難掌控的媒體。我目前還沒有看過讓我滿意的電視廣告，但我也沒有財力自己花一萬美元再重拍一支廣告。

我們幫維姆（Vim）洗潔錠拍完第一支電視廣告後，利華兄弟的一位智者對我說：「你還有改善這支廣告的辦法嗎？」

我表示我能想出十九種方法。他說：「好，我們預計花四百萬美元來播映這支廣告。我希望廣告能發揮最強大的效果。重新拍一次吧，我們會付錢的。」多數客戶都堅持讓廣告公司支付重新製作的費用，但這種態度只會使廣告公司用拙劣的技術，來修補先前的廣告，藉此掩飾內心的極度不滿。

霍頓找我們替斯圖本做廣告時，給了非常清楚的指示：「我們生產的玻璃製品是世界頂尖的，所以你們必須做出最好的廣告。」

我回答：「製玻非常困難，就連斯圖本的工匠有時也會不小心做出有瑕疵的產品。你們的檢查員會把瑕疵品銷毀。同理，打造完美的廣告也是一樣困難。」

六週後，我把第一份斯圖本廣告的試印稿拿給他看。廣告是彩色的，而那些要價一千兩百美元的整頁插圖有些不甚完美的地方。霍頓二話不說同意我把這份稿件銷毀，重新製作一份新的。有這麼通情達理的客戶，你是不可能交出劣等廣告的。

⑨開誠布公，鼓勵坦率的作風

如果你覺得廣告公司表現不好，或你認為某一份廣告效用不佳，絕對不要拐彎抹角，請直接把心裡的想法清楚說出來。假如客戶在與廣告公司溝通時畏首畏尾，後果會不堪設想。

我並不是建議你威脅廣告公司。不要說：「你們公司也太沒用了，如果明天沒辦法交出好廣告，我就換一家廣告公司做。」這種殘暴的言行只會讓廣告公司更不知所措。換個說法更好：「你們剛才給我看的東西，沒有達到你們平常的水準。再試試看吧。」同時，你也要明確解釋廣告公司剛才提交的東西有哪裡不適切。不要讓廣告公司一頭霧水，胡亂瞎猜你的意思。

只要你開門見山，廣告公司也會坦誠以告。倘若雙方不能直來直往，合作關係也不會有結果。

⑩ 立下高標準

不要鼓勵廣告公司觸擊短打，而是清楚要求他們擊出全壘打。要是他們真的做到了，也不要吝於獎勵。

許多客戶在銷售下滑時會直接把矛頭指向廣告公司，但在銷售上升時又捨不得把功勞歸給他們。這種心態很要不得。

但是也不要讓廣告公司沉浸在成功的喜悅裡。相反的，要不斷督促他們繼續往上爬。也許你現在已經有一套非常理想的廣告行銷方案，但在你核可那份廣告的隔天，應該立刻要求廣告公司想出其他**更棒**的方案。

只要你發現某份廣告的試驗效果比你正在使用的廣告好，就趕快把舊的廣告換掉。但是，也不要因為你對某個廣告感到厭倦就把它換掉。家庭主婦其實不像你這樣時常審閱廣告。

世界上最棒的事，莫過於得到一份好的廣告，並且連續好幾年都使用這份廣告。但問題在於**找到**完美的廣告。傑出的廣告並非俯拾即是，如果你和我一樣是廣告人，你就會懂。

⑪ 讓一切接受測試

廣告界裡最重要的詞就是「測試」。如果你預先向消費者測試廣告與產品，在市場上的表現就不會差到哪裡去。

在測試市場中，二十五種新產品裡有二十四種不會過關。事實上，**沒有**讓產品進行試銷的廠商，必須承擔產品在國內銷售量奇差的巨大成本（與恥辱）。另一方面，要是有進行試銷，產品就只會在測試市場中默默且低調地死去。

因此，請測試產品標榜的功效、檢驗你的媒體、檢查你的標題以及插圖。還有，測試廣告規模、檢測廣告投放頻率，以及檢查你的廣告支出水平、測試你的電視廣告。永遠都要測試，廣告才會不斷成長茁壯。

⑫ 快馬加鞭

大企業裡的年輕人好像都不覺得時間會影響利潤。然而，正如蘭巴特的李施德霖漱口水第一次在市場上打響名號後，他就以**月**為單位來制定計畫，加快行銷活動的速度。蘭巴特不會把行動的速度僵固在**年度**計畫中，而是每個月審核一次廣告與利潤，這也使他在八年內賺進兩千五百萬美元。多數人得花十二倍的時間才能達到這個數字。在蘭巴特主掌的那些年，蘭巴特製藥公司（Lambert Pharmacal Company）都不是按年、而是按月來過日子。我推薦所有廣告業主採用這種方式。

⑬ 不要把時間浪費在有問題的產品上

多數廣告業主跟廣告公司都花太多時間在讓有問題的產品起死回生，而沒有好好思考如何讓已經成功的商品更受歡迎。在廣告圈，如果一個人能勇敢面對令人沮喪的測試結果、灑脫放下失敗的產品繼續前進，那才是真正的膽識和勇氣。

但其實你也不需要每次都把產品捨棄，因為有時你能從中榨取大量利潤。然而，很少有行銷人員知道該如何從垂死的品牌獲益。這就像不靠王牌贏下惠斯特牌局一樣。

集中你的時間、腦力及廣告費在**成功的商品**上。成功時要把握時機，並大量挹注廣告資源。支持優勝的產品，拋棄失敗的產物。

⑭ 包容天才

偵探小說家柯南・道爾（Conan Doyle）寫道：「庸俗之輩看不見比自己更卓越的東西。」就我觀察，庸俗之人能看得出誰是天才，但他們憎恨天才，而且恨不得將天才毀掉。

廣告公司裡的天才少之又少。只要找到天才，就絕對不能錯過。不過，天才幾乎都很難相處。但不要把他們毀掉，他們會替你下金蛋。

⑮ 不要把預算壓太低

通用食品的老闆以及前廣告經理查理・莫蒂默（Charile Mortimer）表示：「做宣傳廣告時，最浪費的事就是沒有拿足夠的錢把廣告做好。就像買票去歐洲，但是只買三分之二路程的票。你雖然花了一些錢，但沒有到達目的地。」

我發現客戶給廣告公司的預算十之八九都偏低，導致後者很難順利完成任務。因此，假如你品牌每年的廣告費少於兩百萬美元，就不要一直嘗試打造全國性的廣告。相反的，把錢花在刀口上，將現有資金集中在利潤最高的市場，或是將廣告瞄準特定收入族群，或乾脆不要做廣告。雖然我不喜歡這樣講，但致富之路不只打廣告這一條。

第 5 章

拜見神燈：如何打造吸金廣告？

文案寫手、美術指導與電視製作人剛到我公司服務時，都會被集合到會議室裡拜見我的「神燈」。這盞神燈會告訴他們如何寫標題跟文案、如何製作廣告插圖、如何建構電視廣告，以及怎麼替行銷宣傳計畫擬定最基本的消費者承諾。我提出的規則並不代表我的個人意見，而是我從調查研究中得到的精華。

新到職的員工對我設計的講座有不同反應。有些人覺得公司老闆頭腦清晰、言之有物，因此很自在、很有安全感。有些人則覺得要在如此嚴格的規範下行事有點不安。

他們說：「這些規範與教條肯定會把廣告搞得很無趣吧？」

「未必。」我如此回應。我接著向他們講述，規範在藝術產業中的重要性。比方說，莎士比亞按照嚴格的格律來寫十四行詩，詩由三個四行體和一個結尾的押韻雙行體組成，且是節奏分明的抑揚格五音步、即每一音步（韻律的計數單位）都是輕音節接重音節。難道他的詩作很枯燥嗎？莫札特在寫奏鳴曲時，也得遵守嚴格的規範，例如呈示部、發展部以及再現部等段落。他的作品會很無趣嗎？

這番論述會讓多數自視甚高的人屈服。接著我給出承諾，告訴他們如果能照我提出的原則來做，很快就能做出優秀的廣告。

何謂優秀的廣告？對此主要有三派不同的看法。犬儒主義者會認為客戶認可的廣告就是好的。另一派的觀點則推崇羅必凱的定義：「傑出廣告的特色在於，它不僅能引起受眾強烈的購買慾，更能永遠留在受眾以及廣告界心中，讓大家記得這是一支**值得讚許的傑出廣告**……」雖然我有打造出廣告界公認值得讚許的傑出廣告，但我的想法屬於第三派：優秀的廣告是能**不引發對廣告的關注**，又把產品賣出去的廣告。這種廣告應該將受眾的注意力引導到產品上。與其覺得「這個廣告太妙了」，受眾應該說：「我從來不知道有**這種產品**，一定要買來試試看。」

廣告代理商的職責，是讓廣告的藝術隱於無形。正如聽完古希臘演說家埃斯基涅斯（Aeschines）的演講，大家都說：「他講得真好。」但輪到政敵狄摩西尼說話後，聽眾都說：「讓我們進軍攻打腓力吧。」我投狄摩西尼一票。

如果新進員工沒辦法全然接受好廣告的嚴格定義，我會請他們回去幹老本行，繼續在無知和愚蠢中掙扎。

下一步，我會禁止他們用「創意」這兩個字，來描述他們在公司裡的所有業務。就連「創造力」（creativity）這個更時髦的詞，在十二冊牛津字典裡也不見蹤影。這個詞讓李奧・貝納想起藝術史學家伯納德・貝倫森（Bernard Berenson）的一句話。貝倫森說伊特拉斯坎人（Etruscan）替希臘藝術增添的，不過就是些「無能的獨創性」。而廣告人費爾法克斯・柯恩（Fairfax Cone）「想將創意這個字從我們的生活中抹去」。愛德・考克斯（Ed Cox）認為，「根本沒有所謂的創意文案寫手，只有好的廣告創作者與壞的廣告創作者之別。」別忘了，貝納、柯恩和考克斯都是廣告業中最有「創意」的人。那「創意」這個詞在二十年前成為廣告圈用語之前，我們又是如何過活的呢？說來慚愧，我自己有時也會用這個詞，甚至在這本書裡就用了幾次。

在我的神燈中，你會看到……

在本章節，我會讓讀者知道新員工到奧美上班的第一天，會在我的神燈裡面看到什麼。這個神燈的內容是來自調查研究，而調查研究則是基於五大來源：

首先是來自郵購廣告的經驗。這方面的菁英包含每月讀書俱樂部（Book of the Month）的創辦人哈里・謝曼（Harry Scherman），還有維克多・施瓦布（Victor Schwab）跟約翰・卡普爾斯（John Caples）等高手。他們對廣告**現實面**的了解比其他人還要深刻全面。而且，他們能夠衡量自己寫的每份廣告的成效，因為他們的視野不會被複雜的經銷管道所干擾。多數廠商之所以無法將廣告成效，從其他行銷因素中抽出來探討，就是因為他們產品的經銷管道過於複雜。

郵購廣告業主沒有跟零售商合作，所以無需擔心零售商是否會縮減或增加他們的庫存，也不用煩惱零售商是否會推銷他們的產品，還是把產品藏在櫃檯底下。郵購公司的全部銷售工作都仰賴廣告，因此銷售量全看讀者會不會把回郵票券剪下來。郵購廣告刊登幾天後，郵購廣告的寫手就知道廣告是否能帶進利潤了。

二十七年來，我一直在研究郵購公司是如何製作廣告的。我也從觀察中濃縮出幾項原則，我認為這些原則適用在各種廣告上。

第二項寶貴的資料來源，就是效法百貨公司，來判斷什麼樣的行銷技巧行得通。百貨公司刊登廣告的隔天，商家就能直接計算廣告帶來的銷量。所以，我特別關注西爾斯百貨的廣告宣傳活動，因為他們在這方面比其他零售商還懂。

神燈的第三項數據來源，是蓋洛普、丹尼爾・斯塔奇（Daniel Starch）、克拉克—霍普（Clark-Hooper）和哈羅德・魯道夫（Harold Rudolph）等人進行的研究調查。他們專門研究有哪些因素會促使民眾**閱讀**廣告，而蓋洛普博士還調查，有哪些因素會讓讀者**記得**他們讀過的東西。整體來說，他們的發現跟郵購會社的經驗不謀而合。

比起消費者對電視廣告的反應，我們比較知道消費者對報章雜誌上的廣告有什麼反應，因為針對電視廣告的系統性研究（我的第四項資料來源）十年前才開始。不過，蓋洛普博士跟其他研究者也已針對電視廣告蒐集了一定程度的資訊，這些資訊讓我們不必**完全**以瞎猜的方式，來評估電視廣告的效用。（至於廣播電台的廣告，研究資料還是付之闕如。在大家還沒有系統性地運用廣播這項媒介之前，電視就已經變成比較時興的傳播工具。但近年來廣播又開始受到重視，可說是廣告媒體界的黑馬。研究人員該趁現在好好研究廣播廣告了。）

最後一項資訊來源比較沒那麼科學。我多年來都喜歡汲取別人智慧的結晶，而廣告圈前輩與競爭對手的智慧就是最豐碩的收穫。藉由研究羅必凱、詹姆斯・韋伯・揚（James Webb Young）跟塞西爾的成功廣告，我學到非常多。

把廣告變「印鈔機」的十一條金律

以下就是我打造出能賺進大把鈔票的廣告的祕訣。如果想來奧美上班，就得遵循以下十一條戒律：

① 內容比形式重要

有一次我坐在第五大道雙層巴士的上層，聽到一位神祕的家庭主婦對朋友說：「親愛的莫莉，妳知道嗎？要不是他們的廣告是用十號的西文襯線字體排版印刷，我應該會花錢買那個新品牌的肥皂。」

信不信由你，但真正影響消費者購買意願的，是廣告的**內容**而非形式。你最重要的任務，是決定該如何描述手中的產品、該標榜哪些產品優點與好處。兩百年前，約翰遜博士（Dr. Samuel Johnson）曾說：「承諾，重大的承諾就是廣告的靈魂。」他在拍賣鐵錨酒廠（Anchor Brewery）的設備時，給了以下承諾：「我們不是來賣鍋爐跟桶子的，我們賣的是連作夢都夢不到的致富潛力。」

而決定什麼才是正確的承諾極為重要。絕對不能靠猜測來擬定承諾。在奧美，我們運用五種調查技巧，來找出哪種承諾最強而有力。

一種方法是將多組產品分發給相對應的消費者，每一組產品標榜的內容都不一樣。這樣一來，我們就能比較不同消費者樣本回購的比例。

另一種方式是讓消費者看一張印有不同承諾的卡片，請他們選出最有可能刺激他們購買的內容。以下是某份測試的結果：

根據這項調查，我們將產品命名為「深層清潔面霜」，讓最受歡迎的訴求融入產品名稱。而這款面霜也成為魯賓斯坦夫人最熱銷的產品。

另一種辦法是準備一系列的廣告，每個廣告都標榜不同的訴求。然後，把這些廣告寄給相應的樣本群眾，再計算每份廣告產生的訂購量。

還有一種方式，是在報紙的

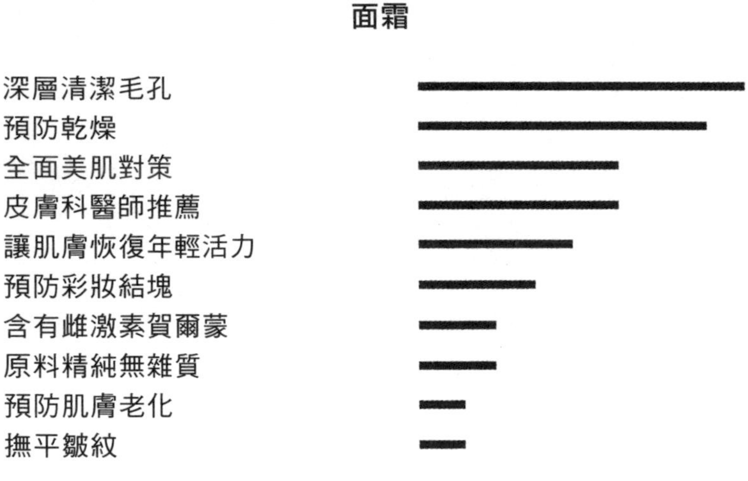

面霜

深層清潔毛孔
預防乾燥
全面美肌對策
皮膚科醫師推薦
讓肌膚恢復年輕活力
預防彩妝結塊
含有雌激素賀爾蒙
原料精純無雜質
預防肌膚老化
撫平皺紋

同一個版面刊登一款產品的兩種廣告，並在文案中指出會提供試用品。我們用這種技巧高超的方式，替多芬肥皂選出最具分量感的訴求：「洗淨的同時，還能滋潤肌膚。」這份訴求產生的訂購量，比第二受歡迎的訴求招來的銷量高出六三%。自此之後，多芬肥皂的所有廣告都一定會出現這句話。這款優秀的產品在上市第一年的年末就開始盈利，這在當今的行銷界是很難得的佳績。

最後，我們自己也開發出選定基本承諾的技巧。但這套技巧太珍貴，我的合夥人禁止我將其公諸於世。他們說了一個故事來告誡我要封口：十八世紀有一個非常自私的產科醫師之家，他們接生的活嬰數量遠高於其他婦產科醫師。接連三代，他們的祕密都不外傳。後來是一位上進心旺盛的醫學系學生爬到高處，偷偷從他們手術室的窗戶看進去，那戶人家自己設計的醫療鉗才終於曝光。

② 如果你的廣告不是出自絕妙的點子，肯定會失敗

不是每個客戶碰到絕妙的點子時都能慧眼識英雄。有一次我向客戶介紹一個好到不行的點子，他卻說：「奧格威先生，你這根本算不上是好點子。」

我剛開始寫廣告時，下定決心要開拓新的道路、讓每支廣告都成為廣告史上最成功的作品。我辦到了。

③ 陳述事實

真的有為了銷售產品、而提供充足事實的廣告非常少。文案寫手之間有個可笑的傳統，那就是認為消費者不在乎事實。這實在錯得離譜。研究一下西爾斯百貨的商品目錄，他們每年都靠提供詳細的**事實**，來賣出總額高達十億美元的商品。在我替勞斯萊斯做的廣告中，我提供的也只有事

實。廣告中沒有多餘的形容詞，也沒有「高尚生活品味」等浮誇用語。

消費者不是白痴。消費者是你的妻子。如果你以為一句簡單的口號跟一些空洞的形容詞就能說服她把錢掏出來，那就太侮辱她的智商了。消費者希望獲得你掌握的所有資訊。

如今，相互競爭的品牌已經越來越雷同了。生產這些商品的人，現在都能取得同樣的學術期刊、使用相同的製造技術，也都參考同一份研究報告。由於自身品牌與其他品牌之間差異甚少的事實，令多數文案寫手感到為難，他們因此得出結論，認為沒必要再告訴消費者所有品牌的共通點。所以，他們專攻那些微不足道的產品差異。我希望他們繼續犯這種錯，這樣我們為客戶主打的實際產品資訊，就能以先入為主的優勢，深植在消費者心裡。

替殼牌石油打廣告時，我們給顧客的是**事實**，這是其他石油行銷者能做、但卻沒做的事。幫荷蘭皇家航空打造廣告時，我們告訴消費者有關安全措施的資訊。其他航空公司其實也有採用這些安全措施，但他們卻沒有在廣告中提起。

以前擔任挨家挨戶推銷的銷售員時，我發現只要提供越多關於產品的資訊，就能賣出更多商品。而五十年前，霍普金斯就發現了這點。不過，多數現代文案寫手都覺得寫短一些、懶散一點的廣告比較輕鬆。蒐集事實是件苦差事。

④ 讓人不耐煩的廣告無法成功銷售產品

現在一般家庭每天平均會接收一千五百多個廣告，難怪他們翻閱報章雜誌時會跳過廣告，也會趁電視在播廣告時去上廁所。

一般女性在翻閱雜誌時，大概只會讀其中的四則廣告。她們會用眼神掃過許多廣告，但只要瞥一眼就知道哪幾則太無聊、不必繼續看下去。

吸引消費者注意的競爭一年比一年激烈。消費者每個月都要遭受價值十億美元的廣告轟炸。大約有三萬個品牌的名稱，要在消費者的記憶中爭取一席之地。因此，如果你希望自己的聲音能穿出這一片喧鬧的雜音，一定要具備獨一無二的特質。而讓客戶的聲音在眾聲喧嘩中還能被聽見，是我們的任務。

我們打造吸引消費者關注的廣告。畢竟，空蕩蕩的教堂是無法拯救靈魂的。如果你願意接受我們立下的規則，花在廣告上的每一塊錢就能觸及更多讀者。

有一次我問專門替喬治五世看診的醫生休・里格比爵士（Sir Hugh Rigby）：「偉大醫生的條件是什麼？」

里格比爵士答道：「外科醫師的手部靈活度都大同小異。然而，優秀外科醫師跟其他外科醫師的差別在於，他**懂的**更多。」廣告從業人員也是如此，優秀的廣告人更了解自己的專業。

⑤ 文雅有禮，不譁眾取寵

民眾不會跟無禮的銷售員買東西。調查也顯示，消費者不會被粗野低俗的廣告打動。比起在別人頭上用力一搥，有禮貌地握個手當然更容易把產品賣出去。你應該用**魅力**來吸引顧客買你的產品。

但這不代表你的廣告就得很俏皮逗趣。消費者也不會從小丑那裡買東西。家庭主婦將商品一個個裝進購物籃時，頭腦可是很清楚嚴肅的。

⑥ 不要做出過時的廣告

一九六三年的年輕家庭主婦生於羅斯福總統死後，她們活在新的世界。對於五十一歲的我來說，要去了解那些剛展開人生的年輕夫婦在想什麼、過什麼樣的生活，其實是越來越困難了。所以我們公司的多數文案寫手都是年輕人，他們比我更了解年輕消費者的心理。

⑦委員會可以批評廣告，但他們不會寫廣告

很多平面廣告與電視廣告看起來像委員會的會議紀錄，而事實上也真的是這樣。最能發揮銷售能力的廣告，似乎都是由單一文案寫手寫出來的。他必須鑽研產品、做調查，並研究過去的廣告。然後，他必須關起大門把廣告寫出來。我寫出的最棒的廣告先後修改了十七次，而我也因為這則廣告建立起一家公司。

⑧若你運氣好到寫出一支傑出的廣告，就重複使用該廣告到效力減退為止

有好多廣告在還沒失去行銷效力之前就被換掉了，其中一大部分原因是贊助商看膩這些廣告。比方說，斯特林．格徹（Sterling Getchel）幫普利茅斯轎車寫的著名廣告「三台都參考看看」（Look at All Three）只出現一次，就被一系列劣等的接續廣告給取代。這些差勁的廣告很快就遭人遺

忘。相反的，舍溫・柯迪英語學校（Sherwin Cody School of English）四十二年來用的都是同一支廣告：「你會犯這些英文錯誤嗎？」（Do You Make These Mistakes in English?）在這段期間，他們只有換過廣告字體以及柯迪先生的鬍子顏色。

畢竟，廣告行銷瞄準的對象並不是一群站著不動的軍人，而是行進中的部隊。舉例來說，每年有三百萬名消費者結婚。如果一則廣告成功將冰箱賣給新婚夫妻，那這則廣告對今年結婚的夫妻大概也具有銷售力。同理，每年有一百七十萬名消費者去世，四百萬名新生兒誕生。市場上的消費者來來去去。廣告就像雷達那樣，不斷在消費者踏入市場時尋找潛在顧客。因此，如果找出一部好的雷達，就讓雷達持續替你掃描吧。

⑨ 不要寫出不想讓自家人看到的廣告

你不會對自己的老婆說謊，所以也不要對我太太說謊。己所不欲，勿施於人。

如果你真對產品的特性說了謊，總有一天會被拆穿。要不是被政府發現並且遭起訴，就是被消費者識破。消費者一旦發現你說謊，就會用「再也不購買你的產品」來懲罰你。

相反的，產品本身如果夠好，用**誠實**的廣告來推銷就能賣出去。如果你覺得產品不夠好，就不要費心替它打廣告。如果你說謊或是含糊其辭，其實是在幫客戶倒忙。而且你內心的罪惡感會越來越重，還會讓社會大眾憎惡整個廣告業。

⑩ 形象與品牌

我們應該將每一則廣告視為**對品牌形象**這個複雜象徵的貢獻。如果能以此為理念、把目光放得夠遠，許多麻煩問題都會迎刃而解。

但你要如何判斷該建立何種形象？這個問題無法用三言兩語來回答，

調查研究也幫不上什麼忙。你必須運用自己的判斷力。（我發現行銷主管好像越來越不願意運用判斷力。相反的，他們對調查研究的依賴越來越深，就像醉鬼把路燈當成扶手、而非照明工具那樣。）

多數廠商都不願接受自身品牌形象**有局限**的事實。他們希望自己的品牌能觸及各式各樣的消費者，也期望自己的品牌能夠男女通吃、可以吸引上流客戶以及尋常百姓。最後，他們把自己的品牌搞得特色全無，成了無法歸類為公雞或母雞的閹雞。但閹雞絕對無法在公雞的世界稱王。

在市面上現有的廣告中，有九五％是在未經長遠考量下做出來的。這些廣告都是臨時產物，所以無法長年維繫一致的品牌形象。

假如有廠商多年來能夠維持連貫一致的廣告形象，那真是天大的奇蹟！想想看有多少因素會讓廣告風格改變，就知道這有多難了。廣告經理來來去去，文案寫手也會換來換去，甚至連廣告公司都不見得是同一家。

面對每半年就要「想出新東西」的壓力，維持統一的風格確實需要膽識。令人遺憾的是，草率接受改變是非常容易發生的事。

不過，只有那些有樹立連貫品牌形象之遠見、以及能夠長期堅守此形象的廣告業主，才能看到輝煌的成績。比方說，金寶湯公司、象牙香皂（Ivory Soap）、埃索石油（Esso）、貝蒂妙廚（Betty Crocker）以及英國健力士就是最佳典範。在這些強健、歷久不衰的大企業中，廣告負責人都曉得每一則平面廣告、廣播廣告以及電視廣告都不是一次性的行銷活動，而是能夠建構出品牌完整形象的長期投資。他們向世人展現出連貫一致的形象，並在過程中變得越來越富足強大。

近幾年來，研究人員的調查結果已顯示出，老品牌在大眾心中有什麼樣的形象。有些廠商清醒自覺，發現自己的品牌形象有嚴重瑕疵，產品銷售量因而受到影響。他們要求廣告公司著手「改變」品牌形象。這是客戶對廣告公司的要求中，最棘手困難的。因為有問題的形象是經年累月所形成。畢竟，許多不同的因素都會使品牌形象出差錯，像是廣告、定價、產品名稱、包裝、贊助的電視節目，以及投入市場的時間長短等等。

多數認為必須改變品牌形象的廠商，都希望能**提升**品牌形象。通常，他們的產品都給人廉價促銷品的感覺，這在經濟匱乏的時期其實能派得上用場。不過在景氣繁榮的年代，當多數消費者都在社會階梯中往上爬，這種形象確實令人尷尬。

要替廉價促銷品牌改頭換面，不是件輕鬆的事。在許多案例中，重新建立新的品牌還比較容易。

另一方面，品牌相似度越高，消費者在挑選品牌時就比較不會用理智來做選擇。例如，各種威士忌、香菸或啤酒品牌其實差別不大，大同小異。而盒裝現成蛋糕材料、洗潔劑以及人造奶油也是如此。

因此，努力用廣告來塑造強烈鮮明品牌**性格**的廠商，能以最高的利潤獲得最高的市場占有率。同樣，那些發現自己陷入困境的廠商，正是那些目光短淺的投機者，他們都將廣告經費挪來舉辦促銷活動。每年我都會警告客戶，如果他們把太多經費用在促銷活動，卻沒有留錢做廣告的話，後果有多麼不堪設想。

公司的銷售經理都很喜歡舉辦削價競爭、或其他能短期見效的手法，但這些操作的效果倏忽即逝，還會讓人養成戒不掉的壞習慣。貝佛利・墨菲（Beverly Murphy）曾替ＡＣ尼爾森公司（AC Nielsen）開發出消費者購物評估法，後來轉到金寶湯公司擔任總裁，他表示：「銷售取決於產品價值與廣告，而促銷只不過是銷售曲線上一個短暫的起伏而已。」蘭巴特也從來不替李施德霖漱口水辦促銷活動，他知道銷售曲線上的那個暫時起伏，會讓他無法判讀廣告的成效。

持續降價促銷會降低消費者對產品的尊重。試想，永遠都以折扣價出售的產品，真的會激起消費者的購買慾嗎？

因此，策劃行銷廣告時不要只想到現在，要把未來幾年一起考慮進去，假設你的客戶會永遠經營下去。接著，替客戶的品牌打造出鮮明清晰的形象，並年復一年堅守這個形象。記住，決定品牌在市場上能擁有什麼地位的，其實不是產品間的細微差異，而是品牌的整體個性。

⑪ 不要當學人精

英國詩人魯德亞德・吉卜林（Rudyard Kipling）寫過一首長詩，詩中主角是白手起家的航運大亨安東尼・格洛斯特爵士（Sir Anthony Gloster）。臨終前，這位老人為了激勵兒子，回顧了自己的人生歷程，並輕蔑地提到自己的競爭對手：

> 他們盡全力抄襲，可是永遠學不了我的想法。
> 任憑他們剽竊也無妨，
> 機關算盡，卻還是落後我一大截。

假如你幸運打造出令人驚豔的好廣告，很快就會發現其他廣告公司把這個點子偷過去了。這確實令人火大，但你也不必擔心。從來沒有人靠模仿別人的廣告而建立起一個品牌的。

模仿或許是「最誠實的剽竊」，但也顯示出模仿者低劣的人格。

這些就是我灌輸給新進員工的基本原則。最近我找來一批已經到職一年的新進員工，請他們比較一下奧美跟前東家。我很驚喜地發現，多數人都認為奧美具有更清楚明確的教條。其中一位寫道：

奧美的觀點與理念始終如一，公司全體對於好廣告的定義也有共識。但前東家沒有這些貫徹始終的思維與共識，所以一點方向也沒有。

第 6 章

文案力：行銷人必練的基本功

如何下一個好標題？十大創作守則

標題是多數平面廣告中最重要的元素，也是影響讀者是否閱讀文案的關鍵。

平均而言，讀標題的人數是讀內文人數的五倍。因此，擬定廣告文案的標題後，你就已經用掉廣告預算的八成了。

如果廣告標題沒有替你賣出任何東西，就代表你浪費了客戶八成的經費。而刊登**沒有標題**的廣告，可說是最不可饒恕的罪過。但這種沒有標題的離奇廣告至今仍然存在。交出這種廣告的文案寫手實在令人汗顏。

另一方面，替換廣告的標題，十之八九會對銷售造成影響。因此，做每一份廣告時，我至少都會寫十六個版本的標題，而且我寫標題時會遵循一定的規則：

①標題如同「肉品上的標籤」，請好好用標題來吸引潛在顧客的注意，讓商品主攻的消費者留意到你廣告的產品。如果你推銷的是膀胱無力的藥物，就要在標題中寫出「膀胱無力」四個大字。如此一來，有這種困擾的消費者就會被這份廣告吸引。假如想讓做母親的人讀你的廣告，就要在標題中提到母親兩個字，諸如此類。

反之，也不要在標題中提到有可能將潛在顧客趕跑的詞語。所以，如果你是在宣傳一款男女皆可使用的產品，就不要把標題寫得太偏向女性客群，這樣會把男人嚇跑。

②每份廣告的標題都應該訴諸讀者的利益……標題要給讀者承諾，承諾產品會帶給他或她一定的好處。以我替魯賓斯坦夫人的賀爾蒙乳霜寫的標題為例：讓三十五歲以上的女性看起來更年輕。

③一定要在標題中加入**新資訊**，因為顧客總是在尋找新的產品、想了解舊產品的新用法，或是想知道舊產品有哪些新的改變。

標題中最強而有力的兩個詞莫過於「免費」和「全新」。使用「免費」的機會不多，但如果盡量想辦法，你幾乎能在每個廣告中用上「全新」這兩個字。

④其他能締造銷售奇蹟的詞語包含：如何、突然、現在、宣布、推出、隆重上市、最新到貨、重要進展、改進、驚人、造成轟動、出色、顛覆、令人吃驚、奇蹟、神奇、提供、迅速、簡單、必要、挑戰、建議、真相、比較、特價、欲購從速、最後機會。

不要瞧不起這些詞語。雖然聽起來很老掉牙，但這些字詞真的很有效。正因如此，郵購廣告主跟其他能評估自己廣告績效的廣告商，才會一再將這些字詞加進標題。

另一方面，在標題中加入**情緒性**的字詞，就能強化廣告的效用，例如親愛的、愛、怕、引以為豪、朋友，還有寶貝等等。我們公司做過許多迷人生動的廣告，其中一則是有位少女在浴缸裡泡澡，一邊跟愛人講電話。標題寫：親愛的，我正在享受最非凡的體驗。我全身都浸泡在多芬裡。

⑤讀標題的人是讀內文者的五倍，所以我們必須讓只瞄標題的人，知道廣告宣傳的是哪個品牌。所以，絕不能在標題中把品牌名稱漏掉。

⑥在標題中寫出你的銷售承諾。這種標題會比較長。紐約大學零售研究學院（New York University School of Retailing）跟某大型廣告公司曾舉辦一場廣告標題測試活動。他們發現十個字以上、包含新資訊的標題，比簡短的標題更能把產品賣出去。

比起簡短的標題，六到十二字的標題能引來更多訂單，而讀十二字標題的讀者與讀三字標題的讀者數量其實不相上下。我寫過最好的標題有二十七字：在時速六十英里，新款勞斯萊斯車上最大的噪音來自電子鐘。[1]

1 勞斯萊斯工廠的總工程師讀到這則標題時，哀傷地搖頭說：「該想辦法解決那個該死的時鐘了。」

⑦如果能靠標題引起讀者興趣，讀者就更有可能繼續閱讀內文。所以在標題收尾時，應該寫些能吸引讀者繼續看下去的東西。

⑧有些文案寫手會寫出很**複雜**的標題，像是使用雙關語、晦澀難懂的詞彙，或掉書袋。這樣不對。

在日常報紙中，你的廣告標題得跟其他三百五十則標題競爭、吸引讀者的注意。調查顯示，讀者都以飛快的速度掃過報紙版面，完全不會停下來仔細思考難懂標題的意涵。因此，標題必須主動透露你想表達的訊息，而且是以直白簡潔的語言來表達。不要跟讀者玩文字遊戲。

一九六〇年，《泰晤士報文學副刊》（*Times Literary Supplement*）抨擊英國廣告的怪異傳統，說那些廣告「自我陶醉，是中產階級的私人玩笑，顯然是為了取悅廣告商與其客戶。」真是太慘了。

⑨研究顯示，在標題中放上負面詞語是很危險的。比方說，如果你在

標題中寫「我們的鹽不含砷」，許多讀者會略過否定詞，產生一種「我們的鹽含砷」的印象。

⑩避免寫出意義不明、必須繼續讀內文才能理解意思的空洞標題，因為多數人讀到這種標題時，並不會往下閱讀。

寫出勸敗文的九大金律

坐下來準備寫廣告內文時，可以假裝自己是在跟晚宴上右手邊的女士聊天。她問你：「我正考慮買新車，您推薦哪一台呢？」寫廣告時，就要以回答這個問題的心態來寫。

①不要拐彎抹角，要直截了當。避免那些「就像，也是」的比喻。蓋洛普博士已經證明這種間接論述常產生誤解。

②避免使用誇張、籠統的用語以及陳腔濫調。論述要清楚明確、實事求是。要展現熱情、態度友善親和，令人印象深刻。不要惹人厭煩。傳達事實，但要用引人入勝的方式來描述。

那內文應該多長呢？這得看產品而定。如果行銷的產品是口香糖，那能說的事情就不多，這樣內文就該短一些。但假如是在推銷具有許多特質、需要一一介紹的產品，就能把內文寫長一些。而且，描述越詳細，產品就賣越好。

普羅大眾通常都認為讀者不會讀篇幅較長的廣告。這完全不是事實。例如，霍普金斯就曾替施麗茲啤酒（Schlitz）寫了整整五頁的廣告。不出幾個月，施麗茲啤酒的銷售排名就從第五爬到第一。我有一次也幫好運人造奶油（GoodLuck Margarine）寫了一頁的廣告文案，效果也很驚人。

研究顯示，廣告文案字數增加到五十字時，讀者數量會大幅下降，不過從五十字增加到五百字時，讀者數減少的幅度非常小。比方說，我替勞斯萊斯寫的第一則廣告有七百一十九字。我在廣告中提出許多引人入勝的事實，並在最後一段寫道：「沒有膽開勞斯萊斯的人可以去買賓利。」那些惡意批評「沒有膽」這個說法的駕駛數量之多，我可以說讀者確實有從頭到尾把廣告讀完。寫下一則廣告時，我就寫了一千四百字。

此外，在推銷產品時，每則廣告都應該將訊息完整地傳達給消費者。假設消費者會去閱讀針對同一件商品的**多份**廣告，這種想法非常不切實際。你應該要在一份廣告中提供最關鍵的銷售資訊，把每份廣告想成是將產品賣給消費者的唯一機會，勿失良機！

紐約大學零售研究學院的查爾斯．愛德華博士（Dr. Charles Edwards）表示：「提供越多事實，產品就賣得越好。廣告中關於產品的實際資訊越多，廣告成功的機會就越高。」

舉例來說，我替波多黎各經濟發展計畫寫的第一則廣告有九百六十一字，還成功說服魯姆簽名批准。而且，一萬四千名讀者剪下這份廣告的回函，當中有許多人後來也在波多黎各開設工廠。我廣告職涯中最大的成就，就是看到那個在貧困與飢餓邊緣掙扎四百年的波多黎各社群，在我寫出廣告後終於一步步邁向繁榮。如果我只是在廣告中給空洞概括的論述，這些改變不可能會發生。

我們甚至有辦法讓民眾閱讀關於汽油的長篇廣告。比如，我們推出的一則殼牌石油廣告有六百一十七個字，而二二%的男性讀者讀了一半以上的內容。

施瓦布講過一個故事，是關於男裝公司 Hart Schaffner Marx 的創辦人馬克思．哈特（Max Hart），跟廣告經理喬治．戴爾（George L. Dyer）針對長篇廣告的爭辯。戴爾說：「我跟你賭十美元，我可以寫出塞滿一整頁報紙版面的廣告，還會讓你一字不漏地讀完。」

哈特對這個想法嗤之以鼻，戴爾又說：「我連一句話都不用寫就能證明我的論點，我只要告訴你這篇廣告的標題就可以了：馬克思．哈特的祕辛全在這一頁。」

在廣告中附上回函的廣告業主都知道，短篇廣告無助於銷售。而分階段進行的測試也顯示，長篇廣告的銷售效力優於短篇廣告。

我好像聽過這樣的說法：除非媒體部門給文案寫手足夠的篇幅來發揮，不然沒有文案寫手能寫長篇廣告。但這個問題根本不該存在，因為在排定媒體計畫前，就該先徵詢文案寫手的意見。

③應該在文案中加入使用者的心得分享。比起未具名撰稿人的誇大稱讚，讀者更容易相信其他消費者的實際心得分享。世界上目前最優秀的文案寫手詹姆斯・韋伯・揚說：「各類廣告主都碰到同一個問題，就是如何成功說服讀者。郵購廣告業者都知道，最能說服廣大消費者的就是使用者證詞，但一般廣告業主很少使用這個方法。」

名人證詞能吸引大量的讀者，而且如果寫得夠誠懇，也不會引起讀者懷疑。基本上，名人的知名度越高，就能吸引更多讀者。在「歡迎來英國」的廣告中，我們請來伊莉莎白女王和邱吉爾。此外，我們也成功說服羅斯福總統夫人替好運人造奶油拍電視廣告。而替西爾斯百貨的信用帳戶打廣告時，我們將棒球傳奇打者、之後與西爾斯簽約聯名合作的泰德・威廉斯（Ted Williams）化身為信用卡，說它「最近被波士頓紅襪隊賣給西爾斯」。

有時你可以用使用者見證的形式來寫整份廣告。比如，我替奧斯汀汽車（Austin）做的第一份廣告，就採用「匿名外交官來信」的形式。我在廣告中說，這位外交官用駕駛奧斯汀汽車省下來的錢，將兒子送進格羅頓學校（Groton）念書，一方面點出他的節約，同時又展現他的紳士派頭，完全打中消費者內心的渴求。不過，有位非常敏銳的《時代》雜誌編輯猜到那位匿名外交官就是我，還請格羅頓學校的校長評論此廣告。校長克羅克博士氣到不行，我只好將兒子送去霍奇科斯學校（Hotchkiss）。

④另一種能帶來豐碩利潤的策略，就是提供讀者有用的建議或服務。

用這種方式寫出來的廣告文案，比單純談產品的文案能多吸引七五%的讀者。

我們有一則林索洗潔劑的廣告，就有教家庭主婦如何去除汙漬。這則廣告是史上最多人讀過（根據斯塔奇的調查），而且對民眾來說印象最深刻（根據蓋洛普的調查）的洗潔劑廣告。不過，很遺憾，我們忘了在廣告中點出林索最主要的賣點，也就是洗完之後衣物會更潔白。基於這個原因，我們根本不該推出這份廣告。[2]

⑤我打從一開始就沒有喜歡過美文派的廣告。這類廣告的盛世巔峰，大概就是西奧多·麥克馬努斯（Theodore F. MacManus）替凱迪拉克做的知名廣告「出人頭地的懲罰」（The Penalty Of Leadership），還有奈德·喬丹（Ned Jordan）的經典廣告「在拉勒密之西某處」（Somewhere West

---

2 廣告的汙漬照片中有各式各樣的汙漬，像是唇膏、咖啡、鞋油、血跡等等。血跡還是用我的血做的，我大概是唯一一位為了顧客流血的文案寫手。

of Laramie）。四十年前，廣告業似乎覺得這種華而不實的文案很了不起，但我向來覺得這類廣告很荒謬愚蠢。這些廣告完全沒有提供讀者任何**事實**……我同意霍普金斯的觀點：「優雅的文筆對廣告來說顯然不利，獨特的文學筆法也是。廣告的主角是產品，但這種文風會分散讀者的注意力。」

⑥避免誇大其詞。羅必凱替施貴寶公司寫過一句著名廣告標語：「廠商的誠信與正直才是產品的珍貴要素。」這讓我想起父親的告誡：「如果有家公司吹噓自己的誠信，或是一個女人吹噓自己的貞操，請避開自吹自擂，但將誠信和操行發揚光大。」

⑦除非有特殊因素，否則不要在廣告中用嚴肅做作的字眼。用顧客會在日常談話中使用的通俗詞彙來寫廣告。我一直沒辦法精確掌握美國的通俗口語，所以也沒辦法用這種語言來寫廣告，但我很欣賞那些能信手拈來的文案寫手，下面這首詩就是絕佳例證。這是一位酪農的未發表傑作：

淡奶是這片土地上最好的奶，
我坐在這裡，手裡握著一罐淡奶。
沒有奶可以擠，沒有草可以耙，
只能在這個混蛋身上打出一個洞。

此外，向教育程度不高的民眾推銷產品時，不應使用高深的詞彙。比方說，我有一次在標題中用了「陳腐」（obsolete）這個字，結果有四三％的家庭主婦不知道這是什麼意思。在另一則標題中，我用了「不可言喻」（ineffable）這個詞，結果連我自己也不確定這到底是什麼意思。

不過，許多我這個年代的文案寫手都低估了群眾的教育水平。芝加哥大學社會系主任菲利普．豪瑟（Philip Hauser）就提醒大家留意目前正在發生的社會變化：

民眾接受正式教育的機會越來越普及……這預期會對廣告的風格帶來重大影響……以「一般」美國人教育程度不超過國小的假設寫成的廣告，很有可能會越來越無法觸及消費客群，甚至完全失去顧客。[3]

話雖如此，所有文案寫手都應該讀一讀魯道夫・弗萊施（Rudolf Flesch）的《說通俗話的藝術》（*Art of Plain Talk*）。這本書能讓所有文案寫手了解如何運用短語、短句，來寫出簡短的段落以及**個性化**的文案。

赫胥黎曾經一度想寫廣告，但他的結論是：「任何文學的筆法或詞彙對廣告而言都是致命傷。文案寫手不能太過詩情、用字朦朧晦澀，或是表達深奧難懂。他們的作品必須能讓廣大群眾讀懂並理解。關於這點，好的廣告就像戲劇或演講那樣，必須讓人一看或一聽就立刻明瞭、直接被打動。」[4]

⑧別一心只想著寫出會得獎的廣告文案。每次得獎時我當然很感激，

但多數**銷售成績優秀**的廣告從來就沒得過獎，因為這些廣告不會把焦點擺在自己身上。

頒獎的評審其實不太曉得眼前那些參賽廣告的**銷售成績**好不好。由於缺少這方面的資訊，他們只能用自己的見解來打分數，但他們通常還是偏好文辭高雅優美的廣告。

⑨優秀的文案寫手從來不會想去**娛樂**讀者。畢竟，衡量廣告是否成功的標準，在於他們能成功讓多少新產品順利在市場上站穩腳步。霍普金斯在這方面根本無人能敵，他在廣告界的地位等於埃斯科菲耶在料理界的位子。以今天的標準來看，霍普金斯是一個沒規矩、粗魯野蠻的人，但在文

---

3 *Scientific American* (October 1962).

4 *Essays Old And New* (Harper & Brothers, 1927)。英國作家查爾斯・蘭姆（Charles Lamb）與拜倫也寫過廣告。蕭伯納、海明威、約翰・馬昆德（John P. Marquand）、舍伍德・安德森（Sherwood Anderson）跟威廉・福克納（William Faulkner）等作家也試寫過廣告文案，但他們的廣告全都以失敗收場。

案技巧上他可說是超級大師。再往下一個層級，我大概會列出羅必凱、塞西爾，還有詹姆斯・韋伯・揚。他們雖然不像霍普金斯有無堅不摧的銷售能力，但他們的誠信、工作涉及的面向之廣，還有在必要時寫出有文化素養廣告的能力，都能彌補這方面的不足。再來，我可能會舉卡普爾斯為例，我從身為郵購廣告專家的他身上學到很多東西。

這些高手寫的都是報紙與雜誌廣告。現在要去談誰是最好的電視廣告寫手還有點太早。

第 7 章

文案視覺設計心法

平面廣告創作指南

絕大多數文案寫手想的只有廣告的文字，比較少花時間思考如何配置插圖。但插圖的篇幅通常比文字還大，所以也該跟文字發揮同等的銷售力。而且，插圖也應該傳達你在標題中表露的產品承諾。

比方說，恆美廣告（Doyle Dane Bernbach）很擅長替平面廣告製作插圖。在他們替福斯汽車做的廣告中，每張照片都獨樹一格。

此外，插圖的**主角**比製作插圖的**技術**還重要。不管是在廣告產業的哪個領域，內容永遠比形式重要。如果你知道如何打造出好的照片，那請誰來按快門都沒差。要是你連好的想法都沒有，那連攝影大師歐文・佩恩（Irving Penn）也救不了你。

蓋洛普博士發現，那些會在攝影俱樂部拿獎的照片縱然風格敏銳、畫面細膩、構圖巧妙，使用在廣告中卻起不了作用。相反的，能發揮作用的照片，必須勾起讀者的**好奇心**。讀者看到照片後會心想：「這是怎麼回事？」然後再接著閱讀廣告內文去找答案。這才是廣告插圖該設下的圈套。

魯道夫將這項神奇的要素稱為「故事性訴求」，還顯示只要在照片中放入更多故事性訴求，就能吸引更多人讀你的廣告。這項發現深深影響我公司製作的廣告。

眼罩、大提琴與「故事性」猛藥

我們獲聘成為海瑟威的全美廣告商、準備替他們製作第一支廣告時，我決心替他們打造一支超好的廣告，一定要贏過揚雅替箭牌襯衫（Arrow shirts）做的經典廣告。但海瑟威的廣告預算只有三萬美元，箭牌的廣告預算卻有兩百萬美元。我只能等奇蹟降臨了。

我從魯道夫那裡學到，「故事性訴求」這劑猛藥能吸住讀者的目光。

為了將這項神奇的要素加進廣告，我想了十八種辦法。第十八種就是眼罩。起先，我們否決這個方案，選擇另一個看似比較好的點子。不過在前往攝影棚的路上，我溜進一家藥妝店，買了一個一．五美元的眼罩。這支廣告到底為什麼如此成功，我大概永遠也不會知道。海瑟威襯衫在過去一百一十六年來都算是沒沒無聞，但這個廣告成功替品牌打響名號。到目前為止，幾乎沒有人能這麼快、或是用如此少的預算打造出全國性的品牌。世界各地的報章雜誌都撰文探討這個現象。一大群廠商或品牌把這個創意偷去用在自己的廣告上，光是在丹麥我就看過五個不同的版本。在那個陰溼的週二上午，一個對我來說還算端得上檯面的靈感，竟然讓我變成家喻戶曉的人物。我倒希望名聲是來自比較正經嚴肅的成就。

製作這份廣告時，我將戴眼罩的模特兒放在幾個不同、我自己也很喜歡的情境中。比如：在卡內基音樂廳指揮紐約愛樂、吹奏雙簧管、在大都會藝術博物館臨摹哥雅（Goya）的畫、駕駛牽引機、擊劍、開遊艇、買雷諾瓦（Renoir）的畫等等。八年後，我朋友傑特把海瑟威公司賣給一位波士頓的金融家，這位金融家六個月後又把公司轉手賣掉，獲利數百萬美元。我接這份案子的總利潤只有六千美元。假如我不是廣告代理商而是金融家，該有多富有啊！（但日子可能會過得非常無聊。）

另一個運用「故事性訴求」的案例，是艾略特・歐維特（Elliott Erwitt）替波多黎各旅遊宣傳廣告拍的照片。歐維特沒有跑去拍帕烏・卡薩爾斯（Pablo Casals）拉大提琴的畫面，而是拍攝空房間的照片，房裡的椅子旁則是這位偉大大提琴家的樂器。**「這個房間為什麼空著？」「卡薩爾斯去哪裡了？」**這些都是讀者心中冒出的問題，能吸引讀者繼續閱讀文案來找答案。讀完廣告後，讀者會訂票去參加辦在聖胡安（San Juan）的卡薩爾斯藝術節。在刊出這份廣告後的六年內，遊客花在波多黎各旅遊上的總金額，從每年一千九百萬美元增加到五千三百萬美元。

照片vs插畫：最重要的原則

如果能不辭辛勞替廣告找到好照片，不僅能賣更多產品，也能提升自己的名譽和聲望。比方說，令人敬畏三分的廣告評論家加爾布雷斯教授（J. K. Galbraith），就寄來一封令我深受鼓舞的信。他說：「多年來我對攝影很感興趣。而在很長一段時間內，我都覺得你廣告的照片在選材以及複印上，是最棒的範本。」

研究一再顯示，**照片**的銷售能力比**插畫**還要強。畢竟，照片能吸引更多讀者，也能傳遞更多引人入勝的訴求。而且，照片比較容易刻印在大家的腦海裡，能吸引更多消費者寄回回函。攝影照片能賣出更多產品。照片代表現實，插畫則反映出想像，而後者的可信度總是比較低一些。

接手「歡迎來英國」的廣告時，我們把原本那家廣告公司使用的插畫換成照片。而新廣告吸引的讀者數量是原本的三倍。在往後的十年內，美國遊客花在英國旅遊上的費用也是以往的三倍。

不過，一再建議大家不要在廣告裡用插畫，其實讓我滿難過的，因為我也希望協助藝術家接到更多廣告插畫案。但使用插畫的廣告確實沒辦法發揮效用，客戶會破產，然後就再也沒有贊助人有能力扶持藝術家了。相反的，如果在廣告中使用照片，你的客戶就有更多錢能夠購買畫作，並將這些畫作提供給公立美術館展出。

有些廠商會在廣告中放抽象畫作。然而，我只有在不希望讀者知道我廣告什麼產品時，才會這麼做。廣告插畫必須讓讀者知道你在販售的是什麼產品，這是最重要的原則。畢竟，抽象藝術沒辦法在廣告中發揮迅速傳遞訊息的功能。

唯一一位靠抽象插畫成功銷售產品的廣告商，是已故的沃爾特・帕普克（Walter Paepcke）。他替集裝箱公司（Container Corporation）打造的奇特廣告，讓這家公司與競爭對手做出區隔。不過，一花獨放不是春。讀者啊，用奇異的方式向普通人宣傳產品與服務時，可要謹慎小心！

另外，使用前後對比照似乎也滿能吸引讀者，而且比文字更切中要旨。或者，可以考考讀者，請他們比較兩張相似的照片有哪裡不一樣，例如「猜猜雙胞胎的誰，使用湯尼居家捲髮組？」

如果你無法在兩張插圖中決定該用哪一張，可以在報紙的不同版面測試兩張插圖的銷售能力。我們就用這種方法，來決定荷蘭皇家航空的廣告到底是要用飛機的照片，還是目的地的風景照。由於後者吸引的回函數量是前者的兩倍，所以荷蘭皇家航空目前的廣告，是以風景照作為主視覺。

在蓋洛普研究室上班時，我透過調查發現，看電影的人對同性別的演員比對異性演員更感興趣。這項發現當然有例外，例如：性感電影女星特別受男性觀影者歡迎，女同志演員比較無法引起男性的興趣。不過，民眾基本上都對自己比較有共鳴的電影演員感興趣。同理，我們在做夢時，夢中的人物基本上也多是跟自己同性別的人。卡爾文·霍爾博士（Dr. Calvin

Hall）的研究顯示，「在男性的夢境中，男女人物的比例是一・七比一……這個現象在霍皮族人身上也成立，所以是舉世皆然的現象。」[1]

我發現這個道理也適用在消費者對廣告的反應上。如果在廣告中使用女人的照片，男人就會忽略你的廣告。如果用的是男人的照片，女性讀者會變得非常少。

另一方面，假如想要吸引女性讀者，最好的辦法就是放一張嬰兒的照片。研究指出，嬰兒照片比全家福照片能吸引多一倍的女性讀者。嬰兒永遠是大家矚目的焦點，等到嬰兒長大、成為家中的普通成員後，這種特殊的關注就會消失了。

不過這裡也有個特別的難題。許多廠商反對在廣告中放嬰兒的圖片，

1 分析過三千八百七十四個夢之後，霍爾博士得到非常驚人的結論，如：「水龍頭是由一位想擁有更棒陰莖的男子所發明。錢是由一位想累積更大坨排泄物的人所發明。通往月球的火箭是由一群不滿足、有戀母情結的動物所發明。房子是由一群追尋子宮的人所發明，而威士忌是由還沒斷奶的人所發明。」

因為嬰兒的地位太無足輕重，他們希望能打造出幸福家庭的意象。

而廣告業務中最受歡迎的工作，就是挑選美女來當平面或電視廣告的模特兒。我以前都會擅自把這份工作攬下來，但是比較過我自己與女性消費者對美女的品味後，我就放棄了。男性喜歡的女生跟女性喜歡的女生不一樣。

平均來說，**彩色**插圖被消費者記住的比例，是黑白插圖的兩倍。

此外，請避免使用歷史性的主題，這種主題只對威士忌廣告來說有效，對其他產品來說卻派不上用場。

還有，不要使用人臉的局部放大特寫，這可能會把讀者嚇跑。

而且，請盡可能讓插圖或照片乾淨簡潔，把主視覺擺在一個人身上。人海場景的廣告是吸引不到消費者的。

避免陳腔濫調，例如：笑臉盈盈的家庭主婦愚蠢地指著開啟的冰箱。

如果陷入困境，以下建議或許能幫上忙：

要是客戶唉聲嘆氣，
就把他公司的標誌放大兩倍。
要是他還是不滿意，
就把他工廠的照片放上去。
只有在萬不得已的情況下，
才能讓客戶在廣告中露臉。

將公司標誌放大兩倍通常滿有用的，因為絕大多數的廣告都欠缺品牌鑑別度。

讓客戶在廣告中露臉其實也不失為好策略，因為社會大眾對個人的興趣總是大過於對企業的興趣。像是魯賓斯坦夫人或懷特黑德指揮官就很適合成為自身產品的代言人。

但把工廠照片放進廣告並非明智之舉，除非你賣的是工廠本身。

我的廣告信仰

許多將天真單純的學生培養成廣告美術設計的藝術學校，還依然堅守著包浩斯美學（Bauhaus）的理念。他們認為廣告的成功關鍵在於「平衡」、「動態」以及「設計」。但他們真的有辦法**證明**嗎？

我的調查研究反而顯示，這些抽象的美學概念無法提升銷量。面對那些認真看待此類教條的老派藝術總監，我沒什麼好話可說，但我也無法隱瞞自己對他們的敵意。有一次，紐約藝術總監俱樂部（Art Directors Club of New York）這個藝術總監的最高殿堂，頒發「鼓勵藝術總監在最自在舒適的環境中工作」這份特別獎項給我、《時代》雜誌創辦人亨利・魯斯（Henry Luce）、美國哥倫比亞廣播公司總裁弗蘭克・斯坦頓（Frank Stanton）還有亨利・福特。大家能想像當時我有多驚恐嗎？他們難道不曉得，我有多反對藝術總監那種讓廣告失效的指導方式嗎？

我已經不會把我們公司編排好的廣告，送去參加藝術總監協會舉辦的競賽。我怕我們送去的作品會因為不幸得獎而蒙羞。他們遵從的理念並不是我的信仰，我有自己的教條，而這些教條是來自對群眾的觀察，就像蓋洛普博士、斯塔奇博士，以及郵購專家的研究或經驗彙整那樣。

此外，一定要針對刊登廣告的平台來設計廣告。而且，除非親眼看過廣告如何套用在報章雜誌的版面上，否則不要核准通過。現在很流行的做法，是將廣告排版獨立抽出來放在一張灰色紙板上，然後再蓋上一層玻璃紙，並在這種狀態下評估廣告設計。但這種做法的危險之處，是很容易引起誤解。因此，評估廣告的排版時，一定要把報章雜誌的整體視覺氛圍考慮進去。

最近有位年輕的菜鳥客戶對我說：「只要把你的廣告排版提案釘在我的布告欄上，我就能立刻選出哪一份是最好的。」但讀者並不是在這種情境下看到廣告的。

其實我們未必要讓廣告**看起來**像廣告。如果能讓廣告看起來像社論版，就能比其他廣告吸引多五〇%的讀者。你大概會覺得社會大眾討厭這種小技巧，但這個說法未經證實。

而我們在設計 **Zippo** 打火機的廣告時，就採用《生活》雜誌編輯慣用的那種簡約、直接的排版方式。其中，沒有任何複雜的細節設計或擁擠的排版，沒有為了裝飾而使用花俏的字體，也沒有放上手寫字體、商標或是任何象徵符號。（商標跟象徵符號在以前很重要，因為這些圖像能讓不識字的人認出你的品牌。但是不識字的現象已經不存在於今日的美國，民眾能靠閱讀印在廣告中的字體來辨別品牌名稱。）

雜誌編輯已經發現，讀者其實比較會去讀照片底下的說明文字、而不是文章本身。這對廣告來說也是。我們分析斯塔奇針對《生活》雜誌給出的數據時，發現閱讀圖片說明的讀者數量，是閱讀正文的讀者數的兩倍。換言之，比起廣告正文，圖片說明能替你吸引多出一倍的讀者數量。所以說，絕對不要只在廣告中放照片而不加文字說明。每則圖片說明都像是縮小版的廣告一樣，都要清楚傳達品牌名稱以及產品承諾。

而如果有辦法將廣告正文控制在一百七十字內，就能直接將這段文字做成圖片解說放在圖片底下。比方說，我們幫泰特利茶做的雜誌廣告就是用這個方式。

撰寫吸睛文案的十四個技巧

如果你需要寫長篇文案，以下方法都能協助吸引更多讀者：

①在標題與內文之間插入兩到三行的副標題，就能提升讀者繼續閱讀內文的興趣。

②將正文第一個單字的首字母大寫，就能多吸引大約一三％的讀者。

③盡可能將開頭段落控制在十一個字以內。長篇大論的開頭會讓讀者

望文生畏。所有段落都該簡短有力，長篇累牘讓人疲乏。

④在正文之後五到七公分的地方插入第一個子標題，然後通篇都在段落之間適度插入子標題。這些子標題能鼓勵讀者繼續讀下去。為了激起讀者的好奇心、繼續讀下一個正文段落，可以插入一些反詰、疑問式的子標題。只要能在廣告中巧妙安排一系列顯眼的子標題，就能讓那些懶得細讀內文、只是迅速掃過整篇廣告的讀者，接收到整份行銷廣告的實質訊息。

⑤將廣告文案以欄的格式來排列，每一行不要放超過四十個字母。畢竟，許多人的閱讀習慣是從看報紙養成的，而報紙的欄寬只有二十六個字母。事實上，欄寬越寬，讀者就越少。

⑥小於九號的字體對多數人來說難以閱讀。

⑦使用襯線字體比無襯線字體還更容易閱讀，但包浩斯學派的人不曉得這件事。

⑧小時候，文案寫手都習慣將內文排列得方方正正的。後來，大家發現寡行或孤行更能吸引讀者。但是，不能在每一欄的底部這樣做，否則讀者多半不會繼續往下讀。

⑨將長篇文案的重要段落用粗體或斜體字來排版，版面才不會過於單一。

⑩不時加入圖片。

⑪用箭頭、項目符號、星號或文旁標記，來協助讀者閱讀不同段落。

⑫如果想提出幾項互不相關的事實，不要試著用累贅的連接詞把這些事實串在一起，像我現在這樣用數字編號就行了。

⑬千萬不要用黑底白字來排版，也不要將廣告文案排在灰色或有顏色的紙張上。老派的美術總監認為這種做法能**強迫**讀者閱讀文案，但我們現在已經知道，這樣讀者根本看不下去。

⑭如果能在段落間加入引導性的符號，讀者數平均能提升一二％。

在設計大標題時，如果字體變化越多，讀者數量就越少。我們公司在排印大標題時，都是用同一個字體、同一個大小，字體的粗細也完全相同。

請用小寫字母來排印標題以及整份廣告文案。大寫字母讀起來很吃力，這大概是因為我們都是先從小寫字母開始學習閱讀的。而我們讀的書跟報章雜誌也都是用小寫字母印刷。

不要將標題直接印在插圖上，這樣會破壞插圖的原貌。老派的美術總監喜歡這樣做，但這樣會使廣告吸引讀者的能力降低一九%。報紙編輯絕不會做這種事。其實我很鼓勵大家模仿報紙編輯，因為報紙是所有消費者閱讀習慣的基礎。

如果你的廣告有附回函，而你希望能回收越多回函越好，那就要把回函放在上方中央。比起將回函放在頁面外框底部的傳統做法，我建議的位置能多吸引八〇%的回函量（就算你找來一百個廣告人，裡頭也沒半個懂這個道理）。

孟肯曾說，沒有人會因為低估美國大眾的品味而破產。但我不同意。如果能在不要過於招搖的情況下，設計出傳達好品味的廣告，一定能協助客戶銷售產品。相反的，排版粗糙的廣告只會讓人覺得產品質感不佳而已。而成功營造出品質一流的商品，基本上都不會賣得不好。在大家都渴望能提升個人社會位階的環境中，沒有人想被朋友認為自己買的是次等產品。

廣告看板的設計原則

不久前，有人寫信來讚美我做的一塊廣告看板，信的內容非常感人，來信者是加州衣索比亞浸信會的一位牧師：

親愛的奧格威先生：

我是一個小教會的主任牧師，我們在加州的高速公路旁租用看板來傳福音。我們用了許多廣告看板，但是因為排版成本高昂而遇到許多困難。之後，我看到舒味思的廣告，就是那張有一位蓄鬍男子高舉雙臂的照片。我想請問，是否能在您用完那張照片後，把照片寄給我呢？我們想將「信耶穌得永生」印在上面，再把廣告立在加州公路旁、宣揚神的旨意。

如果有人能將我客戶的臉看成上帝之子，那我們就不必再多花一毛錢打廣告了，而且整個浸信會的信徒都會將舒味思當成他們的精神信仰。我實在有些不知所措。然而，單純是因為怕失去佣金，我才決定跟牧師說，懷特黑德指揮官實在擔不起這個神聖的角色。

我從來就不喜歡廣告看板。而且，行經的駕駛根本只能閱讀廣告上的六個字。但根據我早年擔任銷售員挨家挨戶拜訪的經驗，我認為光靠六個字來賣產品是行不通的。在報章雜誌上，我有**上百字**的篇幅來打廣告，廣告看板只能放標語口號。

撇開職業不談，以我自己的角度來看，我其實非常喜歡欣賞風景。但我從來沒有看過任何廣告看板能替風景增色的。在令人心曠神怡的風景區，任何豎起廣告看板的人都罪不可赦。哪天我從麥迪遜大道退休後，一定要成立一個祕密組織，號召一群蒙面機車騎士、默默遊歷世界各地，並在夜色中把所有看板砍倒。發起這項公民善舉的我們要是被逮到，又有多少陪審團成員會定我們罪呢？

廣告看板業者都是無恥的說客。他們無所不用其極阻撓那些禁止在美國公路邊設置看板的法案。他們說看板產業有幾千名勞工，所以不能將看板撤掉。但妓院不也是這樣嗎？

話雖如此，看板依然存在，而且身為廣告代理商的你遲早都要設計看板的。那就參考以下建議吧。

讓看板在五秒內發揮效用，請遵循……

一定要將廣告看板打造成驚世之作，這就是法國平面藝術家薩維尼亞克所謂的「視覺醜聞」。但要是做得太過火，就會造成交通堵塞、引發嚴重車禍。

歐洲人一直以來常批評美國廣告看板太低俗。看看卡桑德爾（Cassandre）、赫伯特・魯平（Herbert Leupin）、薩維尼亞克跟愛德華・麥奈特・考佛（Edward McKnight Kauffer）設計的作品，美國人根本沒有臉說自己的廣告看板有美感。但我們也不能否認，比起歐洲藝術家的頂尖設計，粗野有力的美國廣告風格能更快傳達重點，也更容易被記住。

二次世界大戰期間，加拿大政府請我的前老闆蓋洛普博士評估幾份募兵廣告看板的相對效用。蓋洛普博士發現，最有效的廣告是那些用寫實藝術作品或照片的廣告。相反的，抽象或象徵性的設計沒辦法迅速傳達訊息。

廣告看板必須同時用文字與圖像來傳達產品的承諾，但只有少數廣告人才有這方面的才華，連我也沒有。

如果廣告看板的受眾是在公路上來往的駕駛（真是強人所難），廣告就必須在**五秒內**發揮效用。研究顯示，用強烈、單純的色彩能快速傳達訊息。因此，不要用複雜混濁的色彩來設計廣告版面，也不要在設計中運用三項以上的元素。並且，請在廣告底下襯白色的背景。

最重要的是，文字要越大越好（襯線體），而且品牌名稱必須一目瞭然。但這點很少有人做到。

如果能遵照以上幾項簡單的說明，就可以做出能發揮效用的廣告看板。但醜話講在前頭：當代藝術鑑賞家是不可能會喜歡你的作品的。你可能會發現自己被恥笑為沒水準的野蠻人。

第 8 章

電視廣告：用畫面說故事

史坦赫普・薛爾頓（Stanhope Shelton）曾說：「電視廣告的那短短幾秒鐘，能被裝進一個直徑約六公分的藥盒裡。這個迷你藥盒代表三十個人連續幾週努力工作的成果結晶。而這項成果決定公司是賺還是賠。」

我發現，要讓電視廣告的銷售力翻倍，比讓節目的收視率翻倍還容易。某些好萊塢的節目製作人，看不起我們這些無名的電視廣告寫手，而這項發現對他們來說可能是個新聞。

事實上，電視廣告的目的不是**娛樂**觀眾，而是向觀眾**推銷**產品。例如，赫拉斯・施韋林（Horace Schwerin）的報告指出，**討人喜歡**的廣告未必有能力將產品**賣出去**。

但這也不是說你要刻意將廣告拍得很沒水準。相反的，只要內容不要太過油腔滑調，將廣告拍得合乎人性、親和友善，還是能帶來不錯的收穫。

「不要把觀眾嚇跑」是關鍵

在電視問世的早期，我犯了一個錯，那就是**靠語言**來銷售。在那之前我已經習慣廣播節目的銷售方式，而廣播節目是沒有畫面的。我現在已經搞清楚，在電視廣告中，你必須透過**畫面**來說故事，而且**畫面展示的東西**比你在廣告中**說的話**還重要。語言和畫面必須相輔相成、替彼此加分。而語言的唯一功能，是解釋畫面中的事物。

蓋洛普博士的研究報告顯示，如果沒有用影像來搭配你描述的內容，觀眾很快就會把你說的東西給忘了。而我的結論是，如果不用畫面來表達，那根本就什麼都不必說。比方說，試著在播放廣告時把聲音關掉看看，如果推銷能力隨著聲音消失，那這則廣告就一點用也沒有。

多數電視廣告都用長篇大論轟炸觀眾，把觀眾搞得頭昏腦脹的。我建議大家將廣告詞限制在每分鐘九十字以內。

沒錯，比起平面廣告，你確實能在電視廣告中傳達更多銷售點，但最有效的電視廣告只會把重點擺在一、兩項銷售點上，並以直白簡潔的語言來表達。內容大雜燴完全無法打動觀眾，所以絕對不能以委員會的形式來決定如何製作電視廣告。在廣告業，讓步折衷是不成立的。不管你要做什麼，都要**貫徹到底**。

在報章雜誌上打廣告，你首先必須吸引讀者的注意，但是針對電視廣告，觀眾本來就已經在看電視了。所以說，關鍵在於不要把觀眾嚇跑。而且，絕對不能在廣告開始前，提醒觀眾他們即將聽到「來自贊助商的友善宣傳」。觀眾的膀胱會像巴夫洛夫的小狗聽到鈴聲那樣起反應，一聽到是廣告就立刻去上廁所。

多數電視廣告的目的是宣傳你的銷售承諾，希望觀眾下次去購物時能想到你的廣告。所以我建議，至少要在每支廣告中重複銷售承諾兩遍。而且，除了用圖像來表達，也可以將承諾以「標題」或「字幕」的形式打在螢幕上。

可憐的消費者平均每年要接觸一萬則電視廣告，所以一定要讓觀眾知道廣告宣傳的產品名稱。而且，一定要從頭到尾、沒完沒了地講述產品的名稱。[1]此外，字幕中至少要出現一次產品的名稱，還要讓觀眾知道產品的包裝長什麼樣子，這樣他們才會在店裡認出這件產品。

而且，一定要讓產品成為廣告的主角，就像我們替麥斯威爾咖啡做的電視廣告那樣，主角就是一個咖啡壺跟一杯咖啡，「滴滴香濃，意猶未盡。」（這句口號不是我發明的，是老羅斯福總統說的。）

在電視廣告中，你有剛好五十八秒的時間來推銷產品，而客戶每秒都得花五百美元。所以不要東扯西扯，要馬上進入正題。畫面一開始就要推銷產品，而且要推銷到最後一秒鐘。

1 我的姊姊曾說，我們公司應該改名為「沒完沒了企業」。

針對需要靠示範來銷售的產品，例如烹飪食材、化妝品以及鼻竇炎藥膏等，電視就是最強而有力的宣傳媒介。而能否成功使用這項媒介，就看你可不可以成功打造出**令人信服**的產品示範。不過，聯邦貿易委員會將廣告不實的起訴案公開後，美國公眾開始疑神疑鬼，覺得自己有可能碰到詐欺。

針對民眾對各類電視廣告有何反應，蓋洛普博士提出許多寶貴的資訊。他指出，只要能在廣告一開始提出問題，然後再展示產品來解決問題，並透過示範來證明問題真的解決了，這種廣告的銷量是純粹宣揚產品好處的廣告的四倍。

蓋洛普博士的報告還顯示，提供**新知與趣聞**的廣告特別有效。所以一定要在廣告中盡可能融入新知與趣聞。

但有時候真的沒什麼新鮮事好說了。你的產品可能已經在市場上好幾十年，配方上也沒有什麼重大革新。而且某些產品無法明確解決任何問題，有些甚至無法透過展示來銷售。當這些十拿九穩的招式都派不上用場，該怎麼辦？就這樣放棄嗎？沒這個必要。其實還有另一招也同樣威力強大，那就是訴諸**情緒與心境**。雖然使用此招時很可能會招來觀眾的嘲笑，但歐洲的廣告人都靠這招締造許多銷售佳績。比方說，美瑟克勞瑟幫水手牌香菸製作的電視廣告就是最佳例證。

現在消費者每個月平均會看到九百支電視廣告，其中大部分就像船過水無痕那樣，完全沒有在消費者腦中留下印象。所以，你必須讓自己的電視廣告有獨一無二的地方，讓廣告像鬼針草一樣附著在觀眾的記憶裡。但製作時還是要小心，以免觀眾記得廣告的獨特亮點，卻把產品特色給忘了。

某天凌晨兩點鐘，睡得不太好的我腦中突然閃過一個廣告亮點，我就立刻起床將這個點子寫下來：在培伯莉的廣告開頭，讓蒂圖斯．摩德（Titus Moody）駕駛一輛烘焙坊馬車行經鄉間小道。這個靈感奏效了。

如果銷售員對你唱歌……

另一方面，不要用**唱**的方式來傳達產品賣點。銷售是件嚴肅的事。假如你走進西爾斯百貨買煎鍋，銷售人員卻對你唱起歌來，你作何反應？

坦白說，我手上確實沒有確切的研究報告能佐證，唱歌的說服力不如一般講話。但我之所以這麼認為，是因為我常常聽不清楚別人的歌詞內容。我以前挨家挨戶推銷東西時，也不會向潛在顧客唱歌。那些認為唱歌有銷售力的廣告業主，根本就沒有任何推銷的經驗。

不過，並非所有同事都認同我的這個偏見。我去度假時，他們偶爾會趁機在客戶的廣告中硬塞歌曲。儘管其中起碼有一首廣告歌讓人印象深刻，但這個特例也證實了我的觀點，唱歌的推銷力薄弱。[2]

另一方面，電影院的銀幕寬度約為十二公尺，因此能完美呈現電影裡的人海場面或遠景鏡頭。但電視的寬度才約六十公分，不適合用來播放

《賓漢》（*Ben Hur*）這種大場面電影。我建議大家只在電視廣告中使用近距離特寫鏡頭就好。

此外，避免在廣告中呈現老套的場面，例如一群人狂歡飲酒、食客狼吞虎嚥、家人團聚的溫馨場面等廣告公司常用的陳腔濫調。這些東西都無法引起消費者購買產品的興趣。

2 寫完這段後，我收到一份針對知名人造奶油品牌的兩支廣告，所做的研究報告。這兩隻廣告內容完全一樣，只是其中一支的廣告詞是用說的，另一支是用唱的。比起唱歌的那一支，說話的廣告吸引的顧客數多了三倍。

第 9 章

抓對不同產品的賣點

本書提出的多數教條，以及整理出這些教條的調查研究，其實都是較**籠統**的廣告原則。但每一類產品都有自己獨有的問題。比方說，替洗衣精打廣告時，你必須考慮要標榜這款產品是會洗得更潔白、更乾淨，還是能讓衣物更亮麗。假如是替威士忌做廣告，你得想一想要把多少焦點擺在瓶子本身。如果是幫體香劑做廣告，就得評估是該強調產品的除臭功能，還是主打體香劑的清爽效果。

食品廣告：令人食指大動的二十二條金律

食品廣告涉及不少特殊的問題。例如，你能讓食物在黑白電視廣告中看起來美味可口嗎？你能用特定**字詞**來說服讀者某款食品很**好吃**嗎？是否該強調食品的營養成分？該請人來**實際吃**這款食品給消費者看嗎？

我透過調查研究來回答這些問題，而我得到的結論可歸納為以下二十二點：

平面廣告

- 以消費者的**食慾**為訴求來打造廣告。
- 食物的圖片越大，越能勾起消費者的食慾。
- 不要在食品廣告中使用人像，人會占掉應該留給食物的版面。
- 使用彩色印刷。彩色食物看起來比黑白食物更可口。
- 使用照片：照片比插畫更能勾起食慾。
- 比起同時使用兩張以上的照片，單張照片更能吸引讀者注意。如果非得使用數張照片，一定要讓其中一張成為主角。
- 如果有辦法的話，請提供**食譜**。為了滿足全家人的胃，家庭主婦永遠都在尋找新的料理烹飪法。
- 不要把食譜寫在廣告正文中，請獨立排版在醒目、搶眼的區塊。

- 在主視覺照片中，示範食品的料理烹飪方式。
- 不要把食譜印在有底色或圖樣的地方，印在乾淨的白紙上才能吸引更多婦女閱讀。
- 盡可能在廣告中提出新的資訊，例如新產品資訊、舊產品的全新變革，或是舊產品的新用法。
- 標題要盡量明確，不要太籠統。
- 把**品牌名稱**寫進標題中。
- 將標題與內文擺在圖片**下方**。
- 清楚展示食品的包裝，但版面不要大過於引起讀者食慾的照片。
- 態度要嚴肅。不要搞得太幽默或天馬行空，也不要在標題裡面耍小聰明。餵飽全家人對多數家庭主婦來說，是很認真正經的事。

電視廣告

- 示範如何料理你的產品。
- 只要不會太過牽強，就能運用前面提過的「解決問題」妙招。
- 盡可能提出全新資訊，而且表達要清晰明瞭。
- 盡量讓產品在廣告中早一點亮相。
- 不要為了使用音效而使用音效。只有在與產品相關的情況下才使用音效，例如咖啡滴進咖啡壺的聲音、牛排在鐵板上的滋滋聲，以及咬下玉米片時的爽脆聲響。
- 廣告是用來銷售產品的，不要讓娛樂效果壓過銷售力。

旅遊廣告：讓遊客動心的八大要點

根據我替英國旅遊假期協會、波多黎各與美國旅遊服務社打廣告的經驗，我歸納出幾項製作優秀旅遊廣告的要點，請見以下八點：

- 旅遊景點廣告必然會影響該國的形象。從政治的角度來看，廣告必須要讓受眾對那個國家產生**好感**。如果你替那個國家做的廣告很差勁，消費者也會覺得那個國家很糟糕。
- 遊客不會跋山涉水到遠方看一個在自家附近就看得到的東西。比方說，你沒辦法說服瑞士人飛越八千公里來美國看科羅拉多山。因此，要在廣告中宣傳國家**特有**的景點。
- 廣告應該要在讀者心中留下**難以抹滅**的印象。畢竟，在看到廣告以及決定買機票之間的醞釀期，有可能會非常長。

- 刊登廣告的媒體平台的受眾，都是那些負擔得起長途旅行的人。那些人教育程度高，不要侮辱他們的智商。請以成熟穩重的語調來寫文案，不要端出一般廣告常見的陳腔濫調。
- 國際旅遊最大的障礙就是開銷。所以，應該在廣告中強調旅遊所彰顯的文化以及身分地位，來讓讀者覺得這筆開銷是合理的。
- 旅遊模式很容易受**潮流**左右。因此，一定要在廣告中將你推銷的國家描述成「大家」都迫不及待想造訪的景點。在旅遊產業中，**熱潮**就像魔法一樣威力無窮。
- 大家都對遙遠的地方懷抱**夢想**。所以，你的廣告應該要將他們的夢想轉化成行動，將潛能轉變成動力。而要達成這項目標，最佳策略是提供讀者明確的資訊指南。例如，在我替英國、波多黎各和美國做的旅遊廣告中，讓讀者心神嚮往的照片跟清楚明確的旅遊資訊，便締造出最佳的廣告效果。

• 不要在廣告中談論外國人不懂的事。這些話題只有委託你做廣告的本國人會感興趣，來自異國的遊客（也就是顧客）只會看得一頭霧水。

我的「歡迎來英國」廣告極其成功，卻遭英國媒體連番批評。他們認為那些廣告替英國營造出年代久遠的古老形象，大大貶損了國家的聲譽。例如，廣告裡有太多茅草小屋、太多盛大隆重的場面。他們譴責我把英國描繪成鄉村氣息濃厚、還停留在往日榮光的小王國，質疑我為何不展現英國的「真實樣貌」：一個帶給世界青黴素、噴射引擎、雕塑家亨利・摩爾（Henry Moore），以及核能電廠的重要工業福利國家。

這些事情或許在**政治層面**很有價值，但我們廣告的目的是吸引外來遊客。美國人不會遠渡重洋特地來英國看核電廠。他們更想參觀西敏寺，我也是。

美國遊客在決定要去哪個國家旅遊時，他們對當地人的印象與態度是一大關鍵。我做的調查顯示，美國人心中都覺得英國人很有禮貌、有教養、直爽、愛乾淨，以及有品格。不過他們也覺得英國人冷漠自負，神情總是嚴肅哀傷。所以我們用廣告來導正這些較不討喜的刻板印象，盡可能描述英國民眾有多**友善親切**。

出乎我意料的是，美國遊客對英國食物的接受度還滿高的。對於曾經在法國廚房工作過的我來說，美國人對英國料理的喜好大過於法式料理，這點我實在難以相信。但事實確實如此。他們看不懂法式料理菜單，也不喜歡太濃郁的醬汁。

至於滿足美國遊客對酒水飲料的需求上，英國人也不輸法國人。美國人或許喝不慣英國啤酒，但是比起波爾多紅葡萄酒，美國人寧願喝蘇格蘭威士忌，而且就連法國人也是如此。這個時代真可怕。

有一次，我跟一位英國內閣大臣私下討論，該如何說服財政部多花點錢在美國替英國旅遊打廣告。他說：「還有一絲理智的美國人，為什麼要跑到濕涼的英國夏天受罪？他大可到義大利去曬太陽啊！唯一的罪魁禍首就是你做的英國旅遊廣告吧……」

確實如此。

藥品廣告：讓患者願意相信你的六大原則

幫藥品打廣告是一門特殊技藝。在此，我會秉持簡潔扼要的原則，提供一些原則性的建議，給實踐這項技藝的人：[1]

- 一則好的專利藥品廣告，必須要能掌握客戶品牌與競爭對手之間的「重大差異」。
- 好的專利藥品廣告必須包含**新資訊**。這可以是新產品、現有產品的全新面向、新的診斷療法，或是舊有症狀的全新名稱，例如以 halitosis 稱呼口臭。

- 好的專利藥品廣告必須傳達**嚴肅**的感覺。畢竟，身體不適對患者來說不是可以開玩笑的事。患者需要你正視他的生理不適與痛苦。
- 好的專利藥品廣告要營造出**權威感**。畢竟，藥物廣告中本來就有醫病關係，不單只是買賣關係。
- 廣告不應該只是宣揚你產品的優點，還應該要**解釋疾病**。看完廣告後，患者理應要有「又進一步了解自身症狀」的感覺。
- 不要講出讓人無法信服的誇大療效。畢竟，受疾病所苦的消費者想要相信你能幫助他。而消費者願意相信你，就是能讓產品發揮療效的重要關鍵。

---

1 感謝路易斯・瑞德蒙（Louis Redmond）協助我整理出這些原則。

第10章

如何站上巔峰？

我的一位愛爾蘭前輩到約翰公司（John Company）任職，而且成功發財致富。現在，我自己也成了其他人的前輩，而且白天也在麥迪遜大道發財賺錢。這是怎麼達成的？

十四年觀察，給後輩的職涯忠告

我觀察員工的職涯長達十四年，已經可以整理出一套迅速在職場上成功的行為模式。

首先，你得懷抱野心，但不能明目張膽展露侵略性，以免同事起身攻擊反彈。就如每一位士兵都能在背包中放一根元帥杖，但絕對不要讓這根杖露出來。

如果你哈佛商學院畢業後直接進廣告公司，絕對要收起傲氣、繼續努力學習。經過一整年冗長乏味的培訓，你有可能會成為助理專案經理（類似儲備幹部的職位）。一旦接下這項職位，你要努力成為公司上下對客戶最瞭若指掌的人。比方說，假如你的客戶是石油公司，請研讀化學、地質學，以及關於石油產品經銷的書籍，並且廣泛閱讀該產業的商業雜誌。然後，把你公司所有關於石油產品的研究報告與行銷計畫，都找來讀一遍。用週六上午的時間去加油站加油、跟汽車駕駛聊一聊。拜訪客戶的煉油廠以及研究實驗室，研究其他競爭對手的廣告。在第二年的年尾，你就會比主管擁有更多關於石油的知識，這時就有條件接替主管的職位。

然而，廣告公司的多數年輕人都太懶散，不願意像我說的那樣自我進修。因此，他們懂的永遠只有皮毛而已。

霍普金斯認為自己之所以功成名就，是因為他的工時是其他文案寫手的兩倍，所以晉升速度也是其他人的兩倍。在過去四十年，最頂尖的廣告公司之所以能有如此亮眼的業績，在於創辦人對妻子不滿意，所以幾乎都到半夜才離開辦公室回家。還是單身漢時，我也時常一路工作到凌晨。如果你寧願拿閒暇時間來種花或跟小孩玩，我可能會更喜歡你，但不要抱怨升遷的速度不夠快。畢竟，會受到主管拔擢的，都是生產力最高的下屬。

假如廣告公司的員工都是按件計酬，懶人就罪有應得，勤奮者則能爬得更快。比方說，威廉．肖克利博士（Dr. William B. Shockley）在研究貝爾實驗室（Bell Laboratories）科學家的創造力時，發現最有創造力的那四分之一科學家申請的專利數量，是最沒創造力的那四分之一科學家申請的專利數的**十倍**，但前者的薪水只多五〇％。很不公平，對吧？我也這樣認為。在羅德湯瑪士廣告公司，拉斯克會給沒那麼多產的文案寫手一百美元的週薪，但霍普金斯每寫出價值一百萬美元的廣告，拉斯克就會付他五萬美元。拉斯克、霍普金斯跟他們的客戶都從中受益。

目前很常見的態度，就是裝作成功的廣告不是一個人的功勞。然而，這種強調「團隊合作」的風氣根本是在胡鬧，完全是那群平庸的多數人的詭計。事實上，平面廣告、電視廣告或是形象都不可能是由一群人集體創作出來的。絕大多數的高階主管私下都懂這個道理，所以會特別注意那些能替公司撈進大把鈔票的少有人才。這些出類拔萃的人得到的報酬已無法與霍普金斯相比，不過在這個蕭條時期，他們也是廣告公司中唯一不受資遣威脅的人。他們讓公司花出去的每一分錢都有價值。

在廣告公司中，你做的多數工作只是例行性的公事。如果做得好，就能慢慢往上爬。不過，要是能在某個時機有特別突出的表現，這才會是最不可錯過的機會。而這個時機出現時，一定要有所意識、好好把握。

多年前，利華兄弟要求與他們合作的七家廣告公司，針對當時才剛問世的電視媒體提出政策報告。當時，其他廣告公司都中規中矩地交出五到六頁的報告，但我團隊中的一位年輕員工，勇往直前地蒐集各種可得的統計數據，並在沒日沒夜地忙了三個禮拜之後，整理出一份長達一百七十七頁的分析報告。懶散的同事都笑他是工作狂，但一年後他就被選進董事會了。事實上，最成功的事業往往建立在這種特例上。記住，一定要讓客戶對你印象深刻。

現在，許多有能力的年輕人在進入廣告公司時，都決心要成為專案經理，這可能是因為他們在商學院受過的教育，告訴他們人生的使命是經營跟管理，而不是成為某個領域的專家。然而，他們都不曉得目前世上前六大廣告公司的老闆，在爬到現在這個位置之前都是某個領域的專家。其中有四人是文案寫手，一個人是媒體產業出身，另一人則是研究員。他們從來就沒當過專案經理。

比起專才，要以專案經理的身分竄出頭比較困難。因為公司的輝煌業績大多是專才的功勞，專案經理很少有機會能沾光。所以我會建議兒子當個專才，無論是在媒體、研究還是文案方面都好。他會發現這些領域的競爭比較沒那麼激烈，也有更多機會能執行例行公事以外的任務，還能培養出讓人在心理與財務上更有安全感的專業技能。

某些年輕人之所以被專案經理這份工作吸引，或許是覺得能在工作時順便旅遊、享樂很吸引人。但他們很快就會發現，假如自己得一邊吃著舒芙蕾、一邊跟客戶解釋產品市占率為何逐漸遞減，就算在高級餐廳吃飯也不是件值得享受的事。如果小孩生病住院，自己還得忙著進行市場測試，那簡直就是一場惡夢。

我給兒子的建議

假設我兒子不聽勸成了專案經理，我會給他以下建議：

- 客戶遲早會表態想把你換掉，或許是因為他不喜歡你，或是你讓他失望，也可能是因為他把你公司其他部門的失誤歸責於你。發生這種情況時，不要氣餒！我認識一位廣告公司的老闆，他在一年內被三位客戶否決，但現在還是站得穩穩的。

- 如果你只是扮演在客戶與公司服務部門之間傳遞訊息的角色，就像在餐廳主廚與顧客之間穿梭的服務生那樣，那你應該還能混得下去。這種專案經理充其量只是「聯絡窗口」而已。當然，我相信你絕對能將這份最基本的工作做好，但我期望你能在看待自己的工作時，把格局放得更大。畢竟，傑出的專案經理能獲得最複雜的專業技能：成為**行銷專家**。
- 無論你有多努力、或是學識有多淵博，但是在三十五歲之前，你是不可能代表公司跟客戶的決策層級接觸的。我的一位合夥人之所以能迅速爬到高位，他覺得是因為自己在三十歲頭就禿了，另一位有幸在年輕時就代表公司的人，則是因為頭髮在四十歲就白了。要保持耐心。
- 如果你的提案簡報能力不夠優秀，就永遠不可能成為資深專案經理。畢竟，你的多數客戶是大企業，所以你必須有能力向他們的決策委員會推銷你的計畫與廣告。而好的提案必須包含流暢簡潔的文字，以及清晰易懂的口語表達。如果想要學習簡報技巧，你可以仔細研究大師做的簡報、努力練習。而若想要有好的口語表達，可以觀察簡報專家的技巧，尤其是尼爾森的簡報人員。

- 專案經理常犯一種錯，就是把客戶當成不懷好意的笨蛋。然而，應該要跟客戶交朋友，把自己當成他們的工作夥伴、買他們公司的股票，但不要捲入公司內部的鬥爭。如果你因為站錯邊而失去客戶，那是非常可惜的事。要學習政治家塔列朗（Charles Maurice de Talleyrand-Périgord），他曾經在法國服務過七個政權。或者，學習見風轉舵的布雷牧師（Vicar of Bray）：「先生，不管國王是誰，我永遠是布雷地區的牧師！」（按：《Vicar of Bray》為一首諷刺歌曲。布雷位於英國伯克郡。該牧師為了保留教會職務，會配合當時統治者的信仰，改變自身宗教信仰。）

- 每天與顧客和同事協商溝通時，要有捨棄小卒、保護國王的精神。要是能在枝微末節的小事上優雅讓步，偶爾幾次在大事上堅定立場時，別人就比較不會強硬抵抗。
- 不要在電梯裡討論客戶的業務，把客戶的機密文件收起來鎖好。要是讓人知道你管不住自己的嘴，就無法在這行立足。
- 如果你想讓文案寫手或研究主任接受某個想法，請私下委婉地跟他們溝通。在麥迪遜大道，大聲講道理的人不受歡迎。
- 勇於向客戶和同事坦承自己的錯誤，就能贏得他們的尊敬。坦承、客觀、理智上的誠實，這些都是想在廣告業大展鴻圖的人必備的條件。
- 要學會寫流暢易讀的公司文件。別忘了，閱讀這些報告的資深主管手上有更多事要處理、有更多資料要審。你寫得越長，那些有職權的人就越不可能去讀。一九四一年，邱吉爾寫了以下這張紙條給海軍總司令：

請在今天，**在一張紙的單面上**，寫下皇家海軍是如何因應現代戰爭條件的。（粗體為我所加。）

別忘了，比起從事其他行業的同輩人來說，你領的薪水比較高。原因有三。首先，能力優秀的廣告人供不應求；再來，雖然廣告公司的員工福利不少，但跟軍人或大型製造業公司的員工相比還是較少；第三，廣告業的職涯保障比其他職業還低。因此，請極盡所能讓支出少於收入，這樣就能熬過一段待業期間。此外，公司開放讓員工購買股票時，絕對要把握機會，也別忘了在其他領域做些投資。畢竟，累積足夠的社會保障，是邁入六十五歲的廣告人的一大課題。

親愛的，相信我……

如果要衡量一個年輕人的能力，我覺得最有用的方法是看他如何運用自己的休假時間。有些人會白白浪費掉那珍貴的三個禮拜，而有些人從這三週內學到的東西，比在一年內其他時間累積的知識還多。如果想要度過有益身心的假期，我提供大家以下建議：

- 不要待在家虛度光陰，你需要換個環境。
- 帶老婆一起去度假，但把孩子留給鄰居。度假時要照顧小孩真的很痛苦。完全不要接觸任何廣告。
- 前三天每天吃一顆安眠藥。呼吸大量新鮮空氣、多運動。
- 每天讀一本書，這樣三週就能讀二十一本書。（假設大家都有參加過每月讀書俱樂部的速讀課程，每分鐘就能讀一千個英文字。）

- 到國外增廣見聞，就算只買得起平價艙等的座位也要出國。但也不要玩過頭，以免回來的時候累得半死。

精神科醫師說每個人應該都要培養一項嗜好。我推薦的嗜好就是**廣告**。選一個你公司沒那麼了解的主題，並且努力讓自己成為該領域的權威。然後，每年都要寫出一篇好的文章，並且投稿到《哈佛商業評論》。比方說，值得研究的題目有：零售定價心理學、擬定理想廣告預算的新方法、政治人物運用廣告的方式、使國際廣告業主難以推出全球一致的廣告的障礙、媒體規劃中觸及率與頻率之間的衝突。一旦大家公認你是這些棘手議題的權威，你就占有絕對優勢了。

簡單來說，積極努力，但過程中要謹慎小心。美國歌手蘇菲・塔克（Sophie Tucker）曾說：「我曾經有錢過，也曾經窮過。親愛的，相信我，有錢才是最棒的。」

第11章

廣告，何去何從？

不久前，我那位身為社會主義者的姊姊亨迪夫人（Lady Hendy）試圖說服我，廣告應該被廢除。不過，要我去正面回應這個帶有威脅性的建議很不容易，因為我既不是經濟學家，也不是哲學家。但我至少能說，公眾對這個議題的看法相當分歧。

英國政治家安奈林・貝文（Aneurin Bevan）認為，廣告是「邪惡的服務」。而就學於溫徹斯特公學（Winchester）以及牛津大學貝利奧爾學院（Balliol）的英國歷史學家阿諾德・湯恩比（Arnold Toynbee）說，「廣告在任何情況下都是邪惡的。」畢業於哈佛大學的詹姆斯・高伯瑞教授（James K. Galbraith）認為，廣告誘使人將本來應該投注在公眾事務上的經費，浪費在「不必要」的事物上。

不過，並不是所有自由派人士的觀點都跟以上三位相同。羅斯福總統就持不同見解：

> 如果人生有機會重來，我覺得比起其他職業，我更想進入廣告業。多虧廣告協助傳遞更高水平的知識，過去半世紀以來，社會各層級民眾的文明素養才能普遍提升。

邱吉爾爵士跟羅斯福先生抱持相同觀點：

> 廣告培養出民眾的消費力。廣告讓人想替自己以及家人購置更優質的房子、更好的服飾、更棒的食物。廣告不僅帶動生產，也激勵人更努力。

無論其政治傾向，幾乎所有嚴肅的經濟學家都認為，**如果廣告能提供關於新產品的資訊**，對社會來說就有幫助。來自蘇聯的米高揚便說：

> 蘇聯廣告的任務，是提供民眾市面上銷售產品的確切資訊、創造新的

需求、養成新的品味與消費標準、促進新產品的銷售，並且向消費者解釋產品的用途。蘇聯廣告的首要任務，是針對廣告中產品的性質、品質以及特色，提供真實、確切、恰當、引人入勝的描述。

維多利亞時期的經濟學家阿爾弗雷德・馬歇爾（Alfred Marshall），也認同針對新產品提供「資訊」的廣告，並將「競爭性」的廣告斥責為浪費資源。倫敦經濟學院（London School of Economics）的沃爾特・塔普林（Walter Taplin）表示，馬歇爾針對廣告的分析，「顯現出普羅大眾對廣告的偏見以及激動態度，就連古典經濟學家也無法擺脫這種傾向。」確實，馬歇爾的想法是有點保守拘謹。他最優秀的學生凱因斯曾說他是「極度荒謬的人」。後來，馬歇爾針對廣告的論述被許多經濟學家挪用，而以下觀點也成了普遍接受的信條：競爭性或勸誘性的廣告，是經濟上的浪費。但真的是這樣嗎？

神奇的祕密

根據個人經驗，我認為那些學界人物推崇的提供事實的資訊式廣告，確實具有**比較優異的銷售效果**。他們譴責的勸誘性或競爭性廣告的銷售能力，的確比較弱。廠商的商業利益與學術觀點不謀而合。

因此，要是所有廣告業主都能放棄浮誇不實的廣告，轉而使用實事求是、提供真實資訊的廣告，像我幫勞斯萊斯、荷蘭皇家航空與殼牌石油做的廣告那樣，他們不僅能增進產品銷售，還能贏得聲譽與形象。而廣告提供越多資訊，就越能說服消費者購買。

近期，偉達公共關係顧問公司（Hill + Knowlton）向思想領袖進行一項問卷調查，詢問他們：「廣告是否只能提供事實？」針對這項嚴厲的提議，贊成票的比率驚人地高：

	贊成比率
宗教領袖	76%
高水準刊物編輯	74%
中學行政主管	74%
經濟學家	73%
社會學家	62%
政府官員	45%
學院院長	33%
商業領袖	23%

由此可見，多數人都認為實事求是的廣告是件好事。不過，針對那些勸誘消費者守著某個老牌子、別買他牌產品的廣告，多數經濟學家都跟馬歇爾一樣，抱持譴責的態度。同樣的，因為帶動波多黎各經濟復甦、而讓我敬佩不已的總督雷克斯福德．特格韋爾（Rexford Tugwell），也譴責那種「搶走其他公司生意的浪費行為」。美國經濟學家史都華．切斯（Stuart Chase）也這麼認為：

廣告讓人不買A牌的肥皂，改買B牌的肥皂。市面上有九成以上的廣告，都只是在比較兩款產品的優劣。但這兩款產品基本上沒有區別，通常也分不出差異何在。

而皮古（Pigou）、布萊斯維特（Braithwaite）、巴斯特（Baster）、沃納（Warne）、費爾柴德（Fairchild）、摩根（Morgan）、伯爾丁（Boulding）跟其他經濟學家也提出相同見解。許多人的論述幾乎一模一樣，只不過他們用來舉例的品牌名稱略有不同罷了。基本上，讀過一個人的說法，就能知道其他學者是怎麼想的。

我想告訴這些學術大佬一個神奇的祕密。他們譴責的那種勸誘式競爭性廣告，盈利能力完全比不上他們贊同的實事求是型廣告。

根據我的經驗，要去說服消費者試用**新**產品比較容易。但是，對於已經存在於市場上好一段時間的產品來說，消費者的反應會越來越被動漠然。

所以對廣告公司來說，替新產品打廣告的效益，會比替舊產品宣傳還要多。學術界的觀點再次與商業利益相契合。

關於麥迪遜大道的九個思考

① 廣告會導致產品價格升高嗎？

針對這個棘手的問題，正反雙方充斥著太多馬虎隨便的觀點。學術界迄今尚未大規模研究過廣告對產品價格的影響。不過，哈佛大學的內爾·波登教授（Neil Borden）分析過數百則廣告案例。在由五位傑出教授組成的顧問團隊協助下，波登得出一些結論，而其他學術權威應該針對這些結論進行更廣泛的研究，再將他們的發現歸納進廣告經濟學中。舉例來說：

「在許多產業中，大規模營運使製造成本得以降低，而廣告宣傳是大規模生產得以實現的原因之一」，還有「用廣告行銷與其他促銷手段來建立市場，讓降價對大公司來說更有吸引力、或更可行，同時也讓私有小品牌有發展的機會，這些小品牌的產品通常價格都比較低。」確實如此。英國女王瑪麗一世曾說，要是她哪天死了，把她氣死的一定是被敵人搶走的加萊港（Calais）。但梗在我心中的，絕對不是什麼了不起的勁敵，而是小眾的「私有品牌」。這些小品牌簡直是我們廣告商的天敵。在日常生活用品的總銷售中，有二〇％是來自這些私有小品牌，這些品牌為零售商所有，而且不打廣告。真是該死的寄生蟲。

波登教授與顧問團隊得到以下結論：「廣告雖然免不了遭受批評，但絕對是經濟資產而非負債。」[1]這麼一來，他們的看法就跟邱吉爾還有羅

---

1 *The Economics of Advertising*, Richard D. Irwin (Chicago, 1942) pages xxv-xxxix.

斯福一致了。不過，他們並不贊同廣告公司的特有行為與作風。例如，他們認為廣告並沒有提供消費者充足資訊。根據自身實務經驗，我也同意他們的看法。

企業老闆花了一大筆股東的錢來做廣告，我們也該聽聽他們的觀點，看他們認為廣告究竟對價格造成什麼影響。以下是聯合利華前董事長海沃斯勳爵（Lord Heyworth）的觀察：

> 廣告確實能讓我們節省成本。在經銷方面，廣告加快庫存的轉換率，讓零售利潤能夠降得更低，但不會減少店主的收入。在生產製造方面，廣告是使大規模生產得以實現的因素之一。大規模生產能夠降低成本，這點有誰能反駁呢？

其實，寶僑的總裁霍華·摩根斯（Howard Morgens）最近也發表了類似言論：

在我們公司，我們屢次見證，只要開始替新類型的產品做廣告，省下來的費用會大幅超過整個廣告的費用。顯然，打廣告能使消費者購買的產品價格更加低廉。

在多數產業中，廣告成本其實占不到消費者支付的零售價格的三％。不過，一旦廣告被廢除，你就有可能失之東隅，收之桑榆。比方說，如果週日的《紐約時報》上沒有刊登任何廣告，你就得花一大筆錢才能買到報紙。而且，沒有廣告的報紙有多無聊啊。美國開國元勛傑佛遜只讀一份報紙，而且「讀的大多還是報上的廣告而非新聞」。多數家庭主婦也會這麼說。

② 廣告有鼓勵壟斷嗎？

波登教授發現，「在某些產業，廣告促使需求更集中，從而讓供應集中在少數幾家市場上的主導企業」。但他不認為廣告是壟斷的**根本成因**。其他經濟學家認為廣告帶動壟斷，我的看法跟他們一樣。對規模較小的公司來說，要推出新品牌越來越難。廣告宣傳費用高昂，只有底氣很足、資金龐大的大企業才負擔得起。要是不相信我說的，可以試試看用低於一千萬美元的廣告費，來宣傳新的洗衣精品牌，看有沒有辦法成功就知道了。

此外，比起小規模的競爭對手，大型廣告業主能用更低廉的價格來買下版面與時間，因為媒體會給他們數量折扣。這些折扣會促使大型廣告業主收購小型廣告業主。他們只要花原價的七五％就能做出同樣的廣告，並將省下的二五％收起來。

③廣告會讓編輯變得墮落嗎？

確實會，但因廣告而墮落的編輯沒有你想像得多。有一次，某家雜誌的發行人竟然理直氣壯地對我發脾氣，說他給了我客戶五頁的專題報導，但是只拿到兩頁廣告作為回報。話雖如此，多數編輯還是滿有職業道德的。

《紐約客》雜誌創辦人羅斯很憎恨廣告，有一次還向發行人說應該將《紐約客》的廣告全部集中在同一頁。他的接班人也帶著這種自以為高尚的調調，只要逮到機會就貶損他口中的「廣告人」。不久前，他刊了一篇文章，以開玩笑的口吻攻擊我做的兩版廣告，傲慢地無視我曾在他雜誌上登過一千一百七十三頁無比精美的廣告的事實。對我來說，雜誌一方面同意刊登我的廣告，但是又寫文章來批評廣告，這種態度實在很差勁。這就像請人到家裡吃飯，但又在對方臉上吐口水一樣。

我常常想要懲罰那些侮辱我客戶的編輯。有一次，我們在《芝加哥論壇報》（*Chicago Tribune*）上刊登英國產業博覽會的廣告，報紙卻又刊登了羅伯特・麥科密克上校（Colonel McCormick）惡意攻擊英國的文章。當時我巴不得將廣告從報紙上撤下來。無奈的是，如果真的將廣告撤掉，我們在中西部的覆蓋率就會出現漏洞，也有可能招來廣告界打壓編輯的輿論。

④廣告會將劣質產品強迫推銷給消費者嗎？

慘痛的經驗告訴我這是不可能的。少數幾次，我們答應替在市場測試中，品質遜於其他同類型產品的商品打廣告，結果慘不忍睹。雖然我費盡全力寫出吸引人的文案，確實能說服消費者購買比較劣質的產品，但消費者也只會買這一次而已。我的多數客戶都是仰賴消費者回購來獲利的。馬戲團大亨巴納姆是第一個看出這個道理的人，他說：「你可以用廣告來吸引許多人購買虛而不實的產品，但他們也只會上當一次，之後就會開始譴責你是個冒牌貨。」行銷研究專家阿爾弗雷德．波利茲（Alfred Politz）跟摩根斯認為，廣告其實會讓劣質產品更快凋零。摩根斯說：「用最積極的方式替品質不佳的產品打廣告，就是最快消滅這項產品的方式。因為，消費者也會以最快的速度看清產品的真面目。」

他還接著指出，廣告是產品改良的一大功臣：

當然，研究人員會持續尋找改良產品的方法。但請相信我，產品接收到的督促、推動還有建議，絕大多數都是來自廣告端。這點是必然的，因為一家公司的廣告要成功，產品開發也要有好的成績才行。

廣告與科學研究攜手合作，而今成果也相當豐碩。在這當中，消費者就是直接受益人，能夠獲得各式各樣、品質更好的產品與服務。

很多時候我都扮演關鍵角色，說服客戶要等到真的開發出明顯比市面上現有產品更優的新產品後，才能讓新產品上市。換言之，廣告也可以促使廠商維持產品品質與服務水準。舒味思的霍伯爵士就寫道：

廣告是品質保證。公司花了龐大經費宣傳自家產品的優點，並讓消費者心裡有個底，知道自己買到的產品一直以來都品質優良、整齊劃一。這種公司往後不可能有膽降低產品的品質。有時社會大眾會輕易上當，但沒有容易受騙到會持續購買劣質品的程度。

我們開始替荷蘭皇家航空打廣告時，都以「準時」以及「可靠」為號召。他們的高層就發了一份公文給營運部門，提醒他們一定要謹遵廣告的承諾。

⑤ 廣告都是一派謊言嗎？

已經不是了。聯邦貿易委員會都會將審理中的案件公開在報紙上，而企業很害怕被他們盯上，怕到有位客戶不久前還警告我：要是我們製作的任何一部電視廣告被聯邦貿易委員會裁定為詐欺的話，他們就會立刻把案子交給其他廣告公司做。在允許我們將「傳統滋味」這四個無害的形容用在廣告裡之前，通用食品的律師要求我們的文案寫手證明，Open-Pit 烤肉醬真的有傳統風味。消費者得到的保護其實比他們想像得還多。

各個管制廣告的單位不斷更改廣告的規範，法規變化的速度我未必每次都能跟上。比方說，加拿大政府針對專利藥品設下的規定，跟美國政府制定的法規截然不同。美國有些州禁止威士忌廣告中出現售價，有些州則要求要在廣告裡標明價格。在某個州被禁止的事情，在另一州卻成了義務。我只能仰賴那條我一直視為最高指導原則的教條：絕對不做不會想讓家人看到的廣告。

多蘿西・塞耶斯（Dorothy Sayers）在出版偵探小說、還有英國國教高教會派小冊子之前，其實也寫過廣告。她說：「直接扯謊是危險行為，這樣你只剩下兩項武器：歪曲事實和隱瞞真相。」我也犯過歪曲事實的錯（我們這群在麥迪遜大道工作的人會說這是「打模糊仗」），但有一位化學家在兩年後發現，我說的內容其實是事實，讓我再也不必良心不安了

但我必須承認，我也經常會「隱瞞真相」。然而，要求廣告業主描述自家產品的缺點，這是否有點太強人所難？大家一定要原諒只把優點拿出來講的人。

⑥ 廣告會讓人想要買自己其實不需要的產品嗎？

體香劑廣告成功說服八七%與六六%的美國女性和男性使用體香劑。假如你覺得人不需要體香劑，大可批評那些廣告。如果你覺得人不需要喝

啤酒，也可以批評廣告說服了五八%的成年人飲用啤酒。假設你不鼓勵社會流動、物質享受以及國外旅遊，也有權利責備那些提倡此類惡事的廣告。倘若你不喜歡富裕豐饒的社會，也可以去批判那些鼓勵大眾追求豐富物質生活的廣告。

如果你是這類禁慾主義者，那我跟你沒什麼好說的。我只能說你是個精神受虐狂。我只能像萊頓大主教那樣禱告：「神啊，請將我從智者與善者的過失中，解救出來吧。」

英國勞工運動之父、親愛的老約翰・伯恩斯（John Burns）曾說，勞動階級的悲劇，在於其慾望的貧瘠。鼓勵勞動階級追求比較好的生活，這點我問心無愧。

⑦應該將廣告用於政治嗎？

我認為不妥。近年來，政黨很喜歡雇用廣告公司來替自己打廣告。一九五二年，我的老朋友里夫斯把陸軍將領艾森豪當成牙膏那樣打廣告。他做了五十支電視廣告，廣告會舉出虛擬國民提出的假想問題，而將軍則得將手寫的回覆信朗讀出來，例如：

國民：艾森豪先生，生活費太高的問題該怎麼辦？

將軍：我太太瑪米也很擔心這件事。我跟她說我們的任務就是要在十一月四號那天改變這件事。

在拍攝空檔，有人聽到將軍說：「沒想到我這個老兵也要來幹這種事。」

而有政治人物或政黨來找我幫忙做廣告，我都一率拒絕，原因在於：

首先，用廣告來替政治家宣傳是極度低俗的事。

其次，如果替民主黨打廣告，對支持共和黨的公司同事很不公平，反之亦然。

不過，我鼓勵同事以個人身分替政黨服務，盡自己的政治責任。假如有政黨或候選人需要技術上的廣告服務，像是購買廣播電視時段來放送政治集會，他們就能招募有專業知識的志工，組成臨時廣告團隊。

⑧是否應該將廣告運用在非政治性的公益事務上？

我們廣告人其實也能從公益活動中得到滿足，就像醫生花許多時間無償替窮人開刀那樣，所以我們也花滿多時間替慈善團體做廣告。比方說，我的公司就替自由歐洲電台（Free Europe Radio）做了第一支廣告，近年來也陸續替美國癌症協會（American Cancer Society）、聯合國美國委員會（the United States Committee for United Nations）、維持紐約市整潔公民委員會（the Citizens Committee To Keep New York City Clean），以及林肯表演藝術中心（Lincoln Center for the Performing Arts）做了不少廣告。我們替這些公益事務投入的專業服務，大概耗資二十五萬美元，相當於一份一千兩百萬的案子的利潤。

一九五九年，約翰．洛克菲勒三世（John D. Rockefeller III）和克拉倫斯．法蘭西斯（Clarence Francis）委託我打響林肯中心的知名度，當時林肯中心還在籌備階段。問卷調查顯示，紐約只有二五%的成年人聽過林肯中心。一年後，我們推動的廣告宣傳告一段落時，聽過林肯中心的人已經來到六七%。介紹廣告提案時，我說：

> 如果紐約人以為林肯中心是上流階層獨享的資源，那麼構思出林肯中心這個計畫的人，尤其是那些協助營建林肯中心的大型基金會，肯定會感到沮喪懊惱……所以，我們必須樹立正確的形象：林肯中心是給**廣大群眾**的。

廣告宣傳結束後，問卷調查顯示，這個民主目標實現了。在問卷調查中，受訪者必須選出他們最認同的說法，以下是他們的選擇：

七六%同意：住在紐約與紐約近郊的多數民眾，很有可能早晚都會造訪林肯中心的。

四%同意：林肯中心只為了有錢人存在。

多數公益廣告是由單一廣告公司自願製作而成，但林肯中心的案例則是由我們跟另外三家廣告公司合作打造的，包括：天聯廣告公司、揚雅和本頓鮑爾斯，這次合作堪稱完美和諧的四重奏。電視廣告是由天聯廣告公司負責，紐約電視台也捐贈價值六十萬美元的時間來播映這些廣告。廣播廣告是由本頓鮑爾斯製作，廣播電台也提供價值十萬美元的廣告時間來播廣告。平面廣告則是由我們跟揚雅合作打造而成，而《讀者文摘》、《紐約客》、《新聞週刊》（*Newsweek*）與《Cue》雜誌都免費刊登這批廣告。

自願接手維持紐約市整潔的廣告時，紐約的乾淨街道比率已經從五六％提升至八五％。我認為那些依然垃圾滿布的街道，大概是一群極度不負責任的野蠻人造成的。我看前一家廣告公司打出的「將垃圾丟在這裡，讓紐約更乾淨美麗」的斯文口號，是沒辦法改變這群人了。

調查結果顯示，多數紐約人不知道亂丟垃圾會被罰二十五美元。所以，我們做了一份比較**強硬**的廣告，警告那些亂丟垃圾的人，讓他們知道這種行為有可能會被法律制裁。同時，我們也說服紐約清潔隊組成突襲小組，讓身穿制服的清潔隊員騎摩托車在街道上巡邏、揪出違規者。報章雜誌史無前例地提供許多免費版面，讓我們刊登這一系列廣告。而在頭三個月，紐約電視台與廣播電台也替我們播放一千一百零五次電視廣告。四個月後，法院發出三萬九千零四張傳票，地方執法官也行使他們的職權。

⑨ 廣告是庸俗、無聊的東西嗎？

英國政治家安東尼・克羅斯蘭（C. A. R. Crosland）在《新政治家》雜誌（*The New Statesman*）上大力批判廣告，說：「廣告大多都很低俗、咄咄逼人、令人作嘔。而且由於廣告經常參雜事實與謊言，無疑也使廣告從業人員與觀眾更憤世嫉俗、墮落腐敗。」

我認為這就是目前受過良好教育的人對廣告的主要控訴。經濟學家路德維希・馮・米塞斯（Ludwig von Mises）也認為廣告很「刺耳、喧鬧、粗野、誇大」。他譴責社會大眾，認為民眾對高雅的廣告無動於衷。但我比較傾向將錯歸給廣告業主與廣告公司，當然也包含我自己。坦白說，我不太會判斷什麼樣子的廣告會讓社會大眾震驚。我之前就做過兩份自己覺得無傷大雅的廣告，但推出後被批評很不雅失格。有一次是替海瑟威女裝襯衫做的廣告，廣告中一位美麗的女子穿著絲絨長褲，兩腿叉開坐在椅子上抽長雪茄。另一次冒犯到社會大眾的，則是一支電視廣告。廣告中，我們把盼這個牌子的體香劑抹在一尊希臘雕像的腋下。在這兩則廣告中，我沒注意到的象徵意味挑起了好色之徒的情慾。

但比起淫穢猥褻的內容，沒有品味的排版、無聊的照片、差勁的文案，還有廉價的配樂更讓我受不了。這種糟糕的東西出現在報章雜誌上還比較好忽略，但要是出現在電視廣告裡就很難裝作沒看見了。在電視節目中插播這種商業廣告，實在讓我氣到想動手打人。那些電視台老闆難道就這麼貪心，沒辦法拒播這種侮辱觀眾尊嚴的東西嗎？他們甚至在總統就職儀式和皇室加冕儀式轉播中，插入廣告。

身為廣告從業人員，我知道電視是史上最強而有力的廣告宣傳媒介，我主要也是靠電視廣告來賺錢維生的。但身為一般人，我很樂意付錢來換取看電視不被廣告打擾的權利。在道德上，我覺得自己進退兩難。

在電視廣告的推波助瀾之下，麥迪遜大道的廣告公司成為毫無品味的物質主義象徵。假如政府不及時制定電視管理機制，我怕多數思考縝密的人，最後會認同湯恩比的觀點：「我們西方文明的命運，取決於我們與麥迪遜大道象徵的價值觀鬥爭的結果。」我非常關心、在乎麥迪遜大道的存亡，但若不來一場徹頭徹尾的改革，我不覺得麥迪遜大道能繼續生存下去。

偉達公關的調查報告指出，多數思想領袖目前認為，廣告宣揚的價值觀太過物質主義。思想領袖現階段的想法，很可能會是多數選民未來會考量的事情，而這也對我的謀生之計構成威脅。不行，親愛的姊姊，我們不應將廣告廢除，但我們必須對廣告進行改革。

附錄

奧格威格言集

- 我相信一句蘇格蘭俗諺：「勤奮努力不會要了你的命」相反的，會讓人活不下去的是無聊乏味、心理衝突以及疾病。人不會因為認真工作而喪命。
- 坦承自己的過失非常重要，而且最好在受到指摘之前就坦白面對。
- 了不起的想法通常都是很簡單的點子。
- 擺脫那些散播厄運的喪犬。
- 頂尖企業一定會守住承諾，不管有多痛苦、不管加多少班都在所不辭。
- 變革是我們的命脈。
- 傳遞事實，但是讓事實更迷人動聽。
- 消費者不會跟沒水準的騙子買東西。
- 包容天才。
- 向教育程度不高的民眾推銷產品時，不應使用高深的詞彙。比方說，我有一次在標題中用了「陳腐」（obsolete）這個字，結果有四三％的家庭主婦不知道這是什麼意思。在另一則標題中，我用了「不可言喻」（ineffable）這個詞，結果連我自己也不確定這到底是什麼意思。

- 沒有廠商會抱怨廣告讓產品賣太好。
- 我們喜歡知識建構出的紀律，而不是無知釀成的混亂場面。
- 我欣賞舉止溫和有禮、把其他人當人看待的人。

廣告教父的自白

作　　者　大衛・奧格威（David Ogilvy）
譯　　者　温澤元
主　　編　呂佳昀

總 編 輯　李映慧
執 行 長　陳旭華（steve@bookrep.com.tw）

社　　長　郭重興
發行人兼出版總監　曾大福
出　　版　大牌出版 / 遠足文化事業股份有限公司
發　　行　遠足文化事業股份有限公司
地　　址　23141 新北市新店區民權路 108-2 號 9 樓
電　　話　+886-2-2218-1417
傳　　真　+886-2-8667-1851

印務協理　江域平
封面設計　萬勝安
排　　版　新鑫電腦排版工作室
印　　製　成陽印刷股份有限公司
法律顧問　華洋法律事務所　蘇文生律師

定　　價　420 元
初　　版　2022 年 10 月

電子書 E-ISBN
ISBN：9786267191071 (EPUB)
ISBN：9786267191064 (PDF)

國家圖書館出版品預行編目資料

廣告教父的自白 / 大衛・奧格威 (David Ogilvy) 作 ; 温澤元 譯 . -- 初版 . -- 新北市 : 大牌出版 ; 遠足文化事業股份有限公司發行 , 2022.10

面；　公分

譯自：Confessions of an advertising man.

ISBN 978-626-7191-05-7 (平裝)

1.CST: 奧格威 (Ogilvy, David, 1911-1999)　2.CST: 廣告業
3.CST: 廣告管理　4.CST: 傳記

497.8　　111013820